★ 全球所有组织奉为圭臬的工作准则 ★

成功新华◎著

用心去工作

Intentions to work

做任何工作，只要你用心去做，一定能把它做好，用心去工作，最大的受益者是自己。

——[美] 史蒂夫 · 乔布斯

成功新华经典培训丛书

图书在版编目(C I P)数据

用心去工作/成功新华著.— 北京 ：中国广播电视出版社，2012.1

ISBN 978-7-5043-6597-2

Ⅰ.①用… Ⅱ.①成… Ⅲ.①职业道德—通俗读物 Ⅳ.①B822.9-49

中国版本图书馆 CIP 数据核字(2012)第 002510 号

用心去工作

成功新华 著

责任编辑 刘川民
封面设计 CGXH 设计中心

出版发行 中国广播电视出版社
社　　址 北京市西城区真武庙二条 9 号
邮　　编 100045

发　　行 成功新华国际文化传播公司
电　　话 010-51664648　85832458
网　　址 www.cgxh.com
电子信箱 cgxhbj@sina.com
印　　刷 北京东运印刷有限公司

开　　本 880 毫米×1230 毫米　1/32
字　　数 175(千)字
印　　张 7
版　　次 2012 年 2 月第 1 版　2012 年 2 月第 1 次印刷
印　　数 20000 册

书　　号 ISBN 978-7-5043-6597-2
定　　价 26.00 元

前　言

修好一颗心，用心去工作

做任何工作，只要你用心去做，一定能把它做好，如果你不用心去做，那肯定做不好。

不要看“用心”两个字很简单，请你将“用”和“心”二字分开来读一下，并将重音放在“心”上，就会更真切地感受“用心”二字的妙意。用“心”工作，在于关心，在于发现，在于思考，在于创意，在于唯美，在于超越，在于情感的融入，在于做心的工作，尤其在于一个爱字。对工作不爱，你不会用心去做，更不会自觉去做。用心去工作就会成为一句空话。

工作中真正用心就会产生：细心、信心、雄心、恒心、热心、诚心、专心、宽心、善心、爱心、公心、忠心、潜心、静心等。工作中不用心就会产生：粗心、灰心、歪心、贪心、懒心、烦心、迷心、私心、呆心、祸心、邪心等。

平心而论，关心、真心、贴心、责任心，心心相印，就叫用好了心。哭声、骂声、闹声、埋怨声，声声入耳，就叫没安好心。

工作不用心，往往会导致我们就工作而工作、就做事而做事，呈现出一种机械、重复和被动应付的状态。在具体工作中，看不出问题，找不出原因，拿不出措施，有可能还会引发新的问题；在完成任务时，容易出现敷衍了事，执行不到位、贯彻不彻底的现象。

而用心去工作，在工作时就会用巧力、想办法，创造性地干，具有主动、积极的工作意识；在工作标准上追求的是完美而不是完成，在相关问题的思考和处理上，会及时总结经验、吸取教训，发现不足、找出原因、拿出办法，具有工作的使命感和责任感。

修好一颗心，把内心中不好的东西去掉，让心灵纯净、美好，然后用心去工作，就能把工作做好。

用心去工作，最大的受益者是自己；不用心工作，最大的受害者也必定是自己。

用心去工作应该成为我们每一个人做任何一项工作的标准。无论我们在从事多么枯燥、多么单调、多么细微的工作，都要竭尽全力，用心去做，以求得尽善尽美的结果。只有这样，我们自己、我们所工作的单位、我们的社会才会取得进步。

那么如何才能做到用心去工作呢？**我们只有始终保持一颗事业之心、进取之心、责任之心、专注之心、感恩之心、宽容之心、公正之心、平常之心、平静之心、和谐之心，才能把精力用在事业上，多谋工作、少想自己，多讲付出、少虑得失；才能把平生所学用在工作上，全心投入，聚精会神，竭尽所能。**

用心去处理工作中的事情，就要用心想事、用心谋事、用心干事，要专心专意、一心一意、全心全意、诚心诚意地去做事。要善于多做小事、多干苦事、多解难事、多做实事，多干一些新事和好事，把小事做好、做精，把大事做成、做大。

来看一个发生在我们身边的用心工作的故事。

为了发展海尔整体卫浴设施的生产，1997年8月，海尔公司派魏小娥去日本学习，希望她能掌握世界先进的整体卫生间生产技术。在学习期间，魏小娥注意到，日本人试模期废品率一般都在30%~60%，设备调试正常后，废品率为2%。

"为什么不把合格率提高到100%？"魏小娥问日本的技术人员。

"100%？你觉得可能吗？"日本的技术员反问。

从对话中，魏小娥意识到，不是日本的技术员能力不行，而是思想上的桎梏使他们停滞于废品率的最低极限只能降到2%。而作为一个海尔人，魏小娥的标准是100%，即"要么不做，要做就要做到最好"。她拼命地利用在日本的每一分每一秒刻苦学习，3周后，她带着先进的技术知识和赶超日本人的信念回到了海尔。

半年后，日本模具专家宫川先生来海尔公司访问。他见到了曾经的"学徒"魏小娥，此时魏小娥已是海尔集团卫浴分厂的厂长。面对着一尘不染的生产现场、操作熟练的员工和100%合格的产品，宫川先生惊呆了，反过来向"学徒"魏小娥请教相关的生产问题。

宫川先生问魏小娥："有几个问题曾经使我绞尽脑汁地想办法解决，但最终没有成功。日本卫浴产品的现场脏乱不堪，我们一直想做得更好一些，只是难度太大了。你们是怎么做到现场清洁的？100%的合格率是我们连想都不敢想的，对我们来说，2%的废品率、5%的不良品率天经地义，你们又是怎样提高产品合格率的呢？"

"因为我们是用心去工作。"魏小娥简单的回答又让宫川先生大吃一惊。

用心去工作，看似简单，其实不简单。

原来，魏小娥从日本学习归国之后，便开始重点抓卫浴分厂的模具质量工作。魏小娥在实践中把2%放大成100%去用心研究。

比如她发现，有的产品成型后有不易察觉的黑点，就马上召集员工商量对策。有的员工说：“这个黑点不仔细看根本看不见，再说，经过修补后完全可以修掉……”

魏小娥说：“这些有黑点的产品万一流向市场，就会影响海尔的美誉度，用户能拿着放大镜、听诊器去买冰箱，也会拿着这些东西来买卫浴设施。所以，既是‘白璧’就不能有‘微瑕’，产生这个小黑点的原因就是我们的现场不能做到一尘不染。”

不管是工作日还是节假日，魏小娥紧绷的质量之弦从来没有放松过。有一次在试模的前一天，魏小娥在原料中发现了一根头发，这无疑是操作工在工作中无意间掉进去的。一根头发丝就是废品的定时炸弹，万一混进原料中就会出现废品。魏小娥马上给操作工统一制作了白衣和白帽，而且要求大家统一剪短发。

用心去工作的魏小娥终于做到了产品合格率达到100%。

在工作中，如果我们都能够像魏小娥这样用心，也一定能成为第二个“魏小娥”。只要用心去做，我们同样能把工作做到最好！

用心去工作的员工是单位里的宝贵财富，也是单位里真正需要的人。用心去工作并不是高不可攀的难事，用心去工作不仅是一种工作态度，更是一种工作方法和工作哲学。把工作做得很出色，其实只有一个秘诀，那就是在工作中：要用心一点，多用心一点，再用心一点，更用心一点。只要用心去做，每个人都能把工作做得很出色，都能成为单位里最优秀的员工。

目录
CONTENTS

目录
CONTENTS

目录

CONTENTS

目录
CONTENTS

第一章

用事业心去工作

1.把心放在事业上,把事业放在心上

2.降低对薪水的奢求,提高对事业的追求

3.拥有事业心,就会忙得快乐,累得欢喜

4.一心一意做工作,全心全意干事业

什么是事业心呢？所谓事业心，就是有想法、有理想、有抱负，指一个人对自己从事的工作和事业的执著、百折不挠的性格特征。事业心是指人们对自己所从事的事业执著追求的情感，坚定不移的信念。

成就一番伟业的唯一途径就是热爱自己的事业。拥有一颗事业心，跟随自己的心，努力去工作，总有一天你会成就一番事业。

——苹果公司创始人史蒂夫·乔布斯

1.把心放在事业上，把事业放在心上

事业心是推动人们前进的巨大动力和精神支柱。正是由于有着对事业的不懈追求，人们方能在实现理想的过程中自觉地增强责任感和使命感，做到遵章守纪，对工作兢兢业业、踏踏实实，明白自己该干什么、不该干什么，力求把工作做实、做好。

事业心是一种精神，是一种力量，是一种动力。强烈的事业心可以影响、带动、感染其他人。事业可以凝聚人心，事业可以增强积极性，事业可以催人奋进。

1993年10月25日，在厦门中山路美都商厦B1楼麦当劳的"M"LOGO下，汇聚着一大批求职者——这里是厦门市第一家麦当劳餐厅。一个单纯、青涩、削瘦的小伙子也挤在人群当中，他叫缪钦，时年20岁，福建省南平市人，五个月前才中专毕业。当时他已经应聘到南平市一家银行做财务，月薪八百多元。在亲戚朋友们的眼中，他找的这份工作是一份很体面的工作，可缪钦偏偏觉得它缺少挑战，便辞职来到厦门闯荡。

缪钦想应聘这家麦当劳店的见习经理，当时的招聘主管却告诉他该店的见习经理已招满，是否愿从服务员干起。缪钦果断回答："我愿意！"做出这个决定，是因为他对麦当劳这样的跨国大公司非常向往，佩服它的管理和用人制度：麦当劳的高级管理人员，很多都是服务员出身，麦当劳用人不强求学历，只看素质和能力。

就这样，缪钦和八十多个新伙伴一起开始了他们的"麦当劳之梦"。然而，不久很多人就"梦醒"了——虽然培训经理曾告诫过他们：从见习员工到见习经理必须经过员工、训练员、见习组长、组长这几个级别，而这些级别是没有定薪的，全是计时工资。要想闯过这几关，至少要半年，而且在这期间得轮岗，炸薯条、做汉堡包等都要学会。但缪钦他们这批人当中还是有很多没经受住考验，半个月后，就有人辞职；两个月后，又有十多人离开……

缪钦仍在坚守，每月不到300元的薪水使他只能和另三个同事在郊外合租一间月租70元的民房；舍不得花五毛钱坐公交车，他就早早起床，跑步去上班；每天，他早上比别人先到半小时，晚上下班比别人晚一小时。回家后，他还会仔细阅读麦当劳的《工作手册》，他从没在凌晨一点钟前睡过觉……

然而，三个月后的首批升职名单中却没有缪钦，而四个室友中，已有两个升了训练员。在木叶萧萧的街头，他一遍遍告诫自己：一定是我做得还不够好，那就再给我一段时间吧。他上班又往前提了半小时，下班又往后推迟了一小时。然而两个月后，他再次榜上无名！

缪钦觉得再这样"耗"下去不行了，便开始利用周末出去找事做，并很快在一家酒店里找到了一份高薪的工作。他立马写了辞职报告:“麦当劳不是一个公平的地方,我比别人做得多,做得好,为什么得不到升迁?我要辞职!”经理没有正面答复,只是请他帮个忙:“你已经告诉了我你做得比别人好的地方。那么现在,你能不能换到对方立场上,找出他们比你做得好的地方?给你一天时间,如果你把这个问题想明白了,你仍觉得麦当劳不公平,那你再来辞职也不迟。”

最后,经理语重心长地对缪钦说:“你好好想想,想通了,你就会发现,**很多事情你之所以做得不如意,阻碍你的不是两只眼,而是一颗心!在工作中,你要尝试着去做个有心人,去做个用心的人。”**

通过换位思考,缪钦顿时就发现:阿刚虽然不加班,但做事效率奇高;阿群特别讨小孩子喜欢;而大刘永远不会跟客人发生摩擦……第二天,缪钦告诉经理,他愿意继续留下来端盘子。

1994年4月,缪钦终于被提拔为训练员。5月底,他又晋升为见习组长,一个月后升为组长。9月,他成功通过升级考试,升任见习经理,次年3月,缪钦再次被提升,成为第一副经理。至此,在不到一年的时间里,缪钦创造了连续升迁的奇迹!

奇迹的背后,是缪钦始终坚持做一个用心去工作的人,他把对顾客的服务放在首位。缪钦记得在刚升任第一副经理后的一天,两位顾客的孩子在儿童游乐区打起架来,随即两位家长也开始互殴。缪钦赶过去劝阻,却被一个家长一拳打在鼻梁上,顿时鲜血长流。但他却顾不得去医院,而是招呼员工给两个孩子各送了一瓶饮料,此举感动了两位家长,各自拉回了自己的孩子。

由于在第一副经理的位置上缪钦总能出色地化解各种危

机,他很快就引起了高层的注意。1995年5月,他和公司另外四名培养对象一起被选派到美国总部培训了半个多月。到了美国他才知道,参加此次培训的,还包括其他国家的中层管理干部——而他们,大都用了很多年的时间才到现在的位置。培训结束后,缪钦一回国就被委以重任,去厦门莲花区负责第二家麦当劳店的创建。餐厅开业后,他顺理成章地被任命为该店经理。

1997年4月,缪钦被调到福州市做营运督导,同时管理着四家餐厅。员工们都担心他会大"换血",一开始弄得人人自危。缪钦非常理解这种心理,所以他上任的第一件事情不是"放火",而是"浇水"——逐一找员工谈心,了解他们的特长,再把他们放到合适的位置上。此举让员工们打消了顾虑,凝聚力大增。他上任的头一个月,四家店的营业额全部增长。

1998年10月,缪钦再升一级,成了营运部经理。1999年4月,缪钦被调往湖南长沙开辟市场。长沙人喜辣,但传统麦当劳食谱则偏清淡,新店开张一段时间客人的新鲜感消失后,生意一下就萎靡了。缪钦于是和湖南员工琢磨适合当地人口味的配方,不断开发新品。截至2004年,他在湖南组建了19家麦当劳餐厅。不仅如此,湖南的单店效益也成了全国最佳。

2004年3月,缪钦被调到杭州升任营运高级经理,负责浙江市场。两个月后,他获得由麦当劳总部颁发的"全球总裁奖"。当年在中国,总裁奖获得者只有3个。获奖者可以带一位亲人赴美领奖,并享受几天观光旅游。缪钦带着母亲去了美国,在芝加哥最豪华的酒店,在记者们的闪光灯下,缪钦手捧奖杯,与台下的母亲泪眼相望时他知道,他足以让妈妈骄傲了:她的儿子虽然洗过卫生间、拖过地板,但他也可以成为“全球最好”!与此同时,缪钦还得到了一万美元现金和500股公司股票的物质奖励,但他本人更看重的则是由此获得了更广阔的发展空间。

2005年4月,缪钦又被调往大连,负责东北三省和内蒙古地区的市场。他给自己定下一个目标,用三个月时间考察完四省区五十多家餐厅,拿出拓展方案。

这年冬天,缪钦又作出一个大胆决策:在东北地区推广“24小时餐厅”。决策一提出,马上就遭到同事们的强烈反对——要知道,“24小时餐厅”在南方还可以,在冬季天寒地冻的东北却有点近乎妄想,谁会在滴水成冰的深更半夜出门吃东西?

但缪钦偏不信这个邪,他仍然坚持要拿两三家店出来做试验。刚开始,生意果然很差,但一个月后奇迹渐渐发生:越来越多的“夜猫子”在深夜光临麦当劳。为什么会这样?因为在东北地区,整个餐饮业都有“畏寒”的传统思维,冬夜不营业,使得剑走偏锋的麦当劳钻了个大空子。把东北人冬天吃夜食的习惯培养出来后,麦当劳的业务量迅速提高。

2007年4月,他又被调到北京任北二区总经理。与此同时,他又开始接受一个高级培训计划:麦当劳总部为培养后续高级人才专门开设的为期一年的“中国领导力发展计划”。由现麦当劳中国公司的首席人才官、原北区总经理陈麒亦(新加坡籍)亲任缪钦的导师,让他有步骤地接触和了解麦当劳各部门的工作状况。

2008年4月18日,年仅35岁的缪钦创造了中国本土员工的一个神话——升任麦当劳中国副总裁兼北区总经理。这是麦当劳历史上的第一位中国籍副总裁,也是中国麦当劳最年轻的高层管理者，同时还是第一位由普通员工成长起来的最高级别的高管。

缪钦心里十分清楚，这么高的职位对自己来说是个巨大的挑战。两个直辖市、七个省的直接管理，让他感受到了从未有过的巨大压力。但他给自己定了个规矩：无论压力多大，必须坚持公司的价值观，把人选对，把管理架构理清楚，把方向定好，把后续人才培养好，分享他们的建议，给他们创造机会，让他们成功！

2008年10月，缪钦获知一个重要信息：国外很多地方的早餐占到了全天营业额的25%，而中国眼下却仅占7%～8%。他下定决心要做大早餐这块“蛋糕”。刚开始做时非常艰难，但当他带领团队专注地做了一段时间后，效果渐显，推出了早餐的餐厅营业额都在大幅增长。2009年，他又在北京和天津加大了送餐服务力度，效果同样远超预期。

目前，缪钦管理着麦当劳中国区1000多家餐厅和6万名员工，继续创造着奇迹！

事业心强的人，能妥善处理好自己的能力和任务，失败了也能正确对待。不管做什么事情，干什么工作，有了事业心，才会产生进取心和自信心，才会激发主动性和创造性，才会有干事的激情、创业的豪情、敬业的痴情。

阅读思考：

1. 你的心现在放在事业上了吗？

2. 你把事业放在了你的心上了吗？

3. 你的心如果不放在工作和事业上，该放在哪里？

2.降低对薪水的奢求，提高对事业的追求

什么叫事业？简单地说，就是做了自己喜欢的事情，却又帮助了他人，这个就叫事业。在职场中对事业的定义是这样的，除了获取薪水之外，能够让人凭着兴趣爱好而从事的职业被称之为事业。**人不能没有理想，不能没有追求，人生的意义首先在于你对理想和信念的坚持。**你能做到这些，就说明你有了事业心。

拥有事业之心是做好当下工作的前提，如果仅仅把工作当成一份养家糊口的工具，而没有一个长远的眼光，这样的人则难以做出什么成就来。**人的一辈子百分之六十的年华都在工作，若只是为了薪水而工作，那也太没意思了。我们要想办法把工作变成职业，把职业变成事业！**所以，我们要降低对薪水的奢求，提高对事业的追求。一个人工作的动机不可能只是为了薪水，他应该还有其他更高层次的追求。

在一些单位里，有这样一种现象：一些人几年前拿着相同的

薪水，而如今他们的待遇却有着天壤之别。有的人一开始从事着一份待遇低的工作，但是他一直待在同一个单位，再加上他的努力和勤奋，现在的薪水已经是当初的几倍了。而有的人则为了高薪不断跳槽，但是跳来跳去，薪水不但没有上涨，反而原地踏步，甚至不如从前。

现在流行这样一种说法：毕业后的5年决定你和别人的差距。这句话就是说在毕业后的5年中，是否从事同一份工作，坚持同一个职业目标，对于一个人的职场成败有着巨大的影响。

马军在一家企业工作已有8个年头。作为这家国有保险公司的市场部经理，他有着相当丰富的品牌推广与管理经验，在同事和下属中有着很高的威望，公司老总对他也很器重，给他的待遇也很丰厚，年薪10万。一年多前，一位朋友介绍马军到一家国际金融集团，邀请其前往担任公司市场总监。承诺给他开15万元的年薪，年终考核合格则另有5万元分红。

马军起初还犹豫不决，但想想可能比过去多拿一倍的薪水，他最后决定跳槽到新公司。

去新公司报到后，公司安排他自费去英国总部接受了三个月的培训，花费近8万元。培训结束后，马军在新公司工作了半年，却感觉新公司的企业文化与自身的价值观格格不入。他的许多工作方案总是不能顺利得到公司的支持，而且公司内部有很多岗位一直人员空缺，不少琐碎的事情都要马军自己亲力亲为，各种福利待遇也并不完善。

如今，马军陷入了进退两难的境地。想离开，又觉得自己为这个公司付出了很多，十分不甘心；不离开，又不能踏实地干下去。就这样，马军为此一直愁眉不展。

高薪虽然非常有诱惑力，可天上不会掉馅饼，如果你的个性、能力等并不能适应这个行业，高薪也许只是海市蜃楼。选择工作，别把薪水看作唯一的衡量指标。因为薪水低只是暂时的，而拥有一个适合自己又有发展空间的工作，高薪自然会是水到渠成的事情。

有一项社会调查报告显示出当前人力资源流动的现状，为了高收入而频繁跳槽，已经成为眼下不少人的想法。34.9%的人曾主动调换过工作，而跳槽的首选原因是"原工作单位收入低"的人，在其中占31.79%。

俗话说："人为财死，鸟为食亡。"追求高薪是人们在工作中比较普遍的心理。薪水是工作的一种报偿方式，虽然是最直接的一种，但也是最短视的。如果我们只盯着薪水的数字，而没有更高的追求，是极不利于自己在事业上的长期发展的。反过来说，**因为你没有事业心，所以你的两只眼睛只会盯着薪水转动。**

小顾大学毕业初期，对于干哪行并没有什么特别的想法。她找工作的方向是向"钱"看，哪行工资高就干哪行，哪个公司开出的钱多就跳槽去哪个公司。这样，在她毕业后的五六年，几乎是每年换一个工作。

这样折腾来折腾去，虽然也赚到了一些小钱，生活得到了些许改善，可是每每静下心来，她却会发现：自己对每个行业都是蜻蜓点水，对未来的发展也很迷茫……

现实中经常发生这样的事：甲在A公司工作过一段时间，很快因为薪水的原因离职了，离职后数年间又跳了多家公司，可再次到人才招聘现场投递简历时，却发现自己青春已逝，能力依旧，而当时和他(她)一起进入A公司工作的同事很多已经成为了部门主管。

不少人经常犯一个职场大忌，那就是为了薪水而跳槽。新工作的薪水虽然比原来的高，但不符合自己的职业规划，不适合自己的长期发展，同样是一种不理智的行为。

一些心理学家发现，金钱在达到某种程度之后就不再诱人了。即使你还没有达到那种境界，也会明白这个简单道理：金钱只不过是许多种报酬中的一种。

其实有很多商界名人在刚开始工作时收入都不高，但是他们从来没有将眼光局限于眼前的利益，他们一直用心去工作。在他们看来，他们缺少的不是钱，而是能力、经验和机会。最后当他们事业成功的时候，谁又能衡量出他们的收入是多少呢！

很多时候我们发现，一些聪明的年轻人在多年拿着低工资的情况下依然努力地工作，突然有一天，他们就像是被施了魔法一样，一下跳跃到单位里的高层，被单位重用。为什么他们会有这样巨大的变化？原因其实很简单，他们并不在意一开始工作的时候自己能拿多少工资，他们一直满怀希望和热情地努力工作。他们总是朝着自己设定的目标努力。

不要对自己说："既然单位薪水给的少，我就干的少，没必要费心地去完成每一个任务。"也不要因为自己挣的钱少，就安慰自己说："算了，我技不如人，能拿到这些工资我也知足了。"因为这些消极的想法会让你看不见自己的潜力，会让你失去前进的动力和信心，会让你放弃很多宝贵的机会，最终你就会和成功失之交臂。没有谁会赔偿你的忍让，也没有谁会感谢你的“自我牺牲”。要知道，当他人对你没有信心的时候，你还可以重新获得别人的肯定，但是当一个人对自己都已经失去信心的话，那他就真的是无药可救了。

没有谁一开始工作的时候就可以发挥所有的潜力，就可以出色地完成每一件任务，同样，也很少有人一开始工作就能拿到很高的工资。所以在你努力工作的同时，也要学会耐心等待，等待他人的信任和赏识，从而你才能得到重用，才能向更高的目标前进。

对待自己的工作你要毫不吝惜地投入你的精力和热情。工作上投机取巧也许只是给单位带来一点点儿经济损失，但是它却往往可以毁掉你的一生。要为自己的工作感到骄傲和自豪，要以干一番事业的心态去对待自己的工作。你应该有这样的决心：能干到最好，就不允许自己干到次好。工作带给你的不应该只是薪水，而应该还有成就和满足感。

我们如何才能提高对事业的追求呢？以下四点值得我们好好借鉴：

①**要有良好的道德修养**。良好的道德修养和强烈的事业心是相通的，就是如何做人。事业心其实就是工作态度，当你所从事的工作不是你真心喜欢的工作时就需要一定的自我激励，要有迎难而上的勇气。

②**要有自己的目标追求**。做人要有目标、有追求，干工作也要有目标、有追求，不管是干什么工作，都要对工作将干成什么样心中有数，这样才会有标准，有方向。在刚踏入工作岗位时，干

劲十足，热情高涨，对自己的职业和前途充满希望，但用不了多长时间，就被日复一日平淡的工作消磨了工作激情，每天就重复着单调的动作，处理着枯燥的事物，每天想的不是怎样提高工作效率，提升工作成绩，而是盼望早点下班，不想让领导给自己安排困难的事，在这样的时候就需要用工作激情来激励自己。在这样的时候就必须明确工作目的，知道自己在为什么工作，如果是为了理想，为了实现自己的价值，就会被社会、他人认可。如果是为了没有白活一生而工作，而不仅仅是为了薪水而工作，这样就会找回工作激情。分阶段确定工作目标，人和其他动物一样，往往只有在爬坡的时候才有更大的干劲，才有激情，当爬到山顶后又会感到迷茫，又需要新的目标来刺激，这样才会不断地有新目标、新方向，才会有动力、有奔头。

③**要有增强激情的刺激**。刚刚参加工作的时候，觉得自己工作经验缺乏，为了弥补不足，早日进入角色，常常早来晚走，斗志昂扬，就算是忙得没时间吃饭，依然很开心。因为工作有挑战性，感受也是全新的。一旦工作驾轻就熟，这种新鲜感就会消失，激情也往往随之湮灭。一切又重归平淡，昔日充满创意的想法消失了，每天的工作只是应付了事。既厌倦又无奈，不知道自己的方向在哪里，也不清楚究竟怎样才能找回曾经让自己心跳的激情。所以保持对工作的新鲜感是保证你工作激情的有效方法。用新的工作目标来挖掘新鲜感，把曾经的梦想拣起来，找机会实现它，找出没有完成的工作去完成，这样就会不断地产生成就感。

④**要有豁达大度的胸怀**。当我们遇到困难和挫折时，要想保

持心态的平静，不影响到自己的事业心、责任感，就需要我们有豁达大度的胸怀。不要在小事上不认真，不要为小事斤斤计较。否则只会越来越不顺心，事业心、责任感也会越来越淡。只有以最佳的精神状态、以宽广的胸怀去待人接物，才可以提升工作业绩，收到意想不到的效果。

阅读思考：

1. 你是否总是奢求单位给你加薪？
2. 你提高了对工作和事业的追求了吗？
3. 你认清了事业与薪水的内在关系了吗？

3.拥有事业心，就会忙得快乐，累得欢喜

事业是人生永恒的主题。一个人把事业摆在什么位置，决定着他为追求事业付出多大努力。视事业第一者，就会为成就事业而殚精竭虑，鞠躬尽瘁。对单位里的职工来说，重事业、轻名利、讲奉献，是必须具备的基本觉悟。用"是否拥有强烈的事业心"这把尺子来衡量，有些人还存在不小差距。比如，有的人过分看重个人名利，盯着位子、盯着荣誉干工作，职务有盼头，工作有劲头；提拔没指望，干劲减一半；有的人"主人翁意识"淡薄，平时忙于应酬，精力外移，关注个人事情多，关心单位建设少；个别基层干部"官不大，官僚作风不小"，工作表率作用差，平时养尊处优，有事就叫"给我干"，不能叫响"跟我干"，遇到任务不亲力亲为，碰到好处就斤斤计较；有的人热衷于搞小团体、小圈子、拉关系，把主要精力放在要待遇、要利益、要位置上，甚至打擦边球、搞小动作，利用职权谋取私利，等等。

真正拥有事业心的人，在工作中一定会尽心尽力，竭尽全

力，他们会把事业放在第一位，他们把自己当作是单位里的主人翁，把单位的事当成自己的事，哪怕是工作再忙，他们内心也会觉得忙得快乐，哪怕是工作再累，他们内心也会觉得累得欢喜。因为是否拥有强烈的事业心常常是成功者与失败者之间的不同之处。

要想在事业上真正干出名堂来，首要的是有一颗强烈的事业心，以及在这种事业支配下产生的钻劲和出奇的迷劲。

几乎所有的人都知道，海尔背后站着张瑞敏；但并不是所有的人都知道，张瑞敏的背后站着杨绵绵。作为张瑞敏的“黄金搭档”和助手，杨绵绵为海尔倾注了自己的全部心血。海尔从濒临倒闭到成长为中国家电第一品牌，凝聚着她的贡献；海尔更新管理模式、锻造企业文化、实行国际化战略的新跨越，她又站在了最前头。虽然功勋在身，但杨绵绵仅仅把自己看作是一个参与者，这就是杨绵绵的品格：平和而执著。

在她身上，艰苦奋斗的美德、爱岗敬业的忠诚和开拓创新的魄力同时闪光，而所有这些的背后，是一位不甘平庸的女性的心灵真实：追求卓越，努力创造人生的最大价值。

张瑞敏曾经回忆过他当年的这种选择：当年力邀杨绵绵一同创业，就是觉得她和别人不同，在她的同龄人上班时间买菜、织毛衣、洗衣服的时候，她在认真地读书学习。现在看来，当年的这种印象也许是朴素和直观的，但也显现着张瑞敏识人、任人的人才观，正是这种看似朴素而实则内涵丰富的“人才观”，奠定了一位杰出女性的创业史、奋斗史。

像海尔一样，杨绵绵用真诚感染和感动着许多人，包括许多见惯了大人物的媒界人士。他们对杨绵绵的评价总是一致：真诚。

而杨绵绵“快乐是工作着、创造着”的心声，就来自于这种真诚：对海尔的真诚热爱，对海尔的真诚奉献，对每一个海尔用户的真诚相见。她说，我们是在用真诚来营造海尔这个品牌，我们今天所有的成就，都是一种诚实付出的结果。

杨绵绵曾经对记者这样说：我在海尔工作了17年，自己的喜怒哀乐早已和海尔融为一体。海尔像我的一个孩子，看着它长大。听到人们说海尔好，海尔的产品给他们的生活带来益处时，我就感到特别开心；当听到人们说海尔不好时，我会很苦恼。

杨绵绵倾心着海尔、热爱着海尔，也正是源于这种倾心和热爱，在别人看来是艰苦的工作，在杨绵绵眼中却是一种快乐——为海尔奋斗而快乐。

有一年，杨绵绵到新疆乌鲁木齐参加洽谈会。一下飞机，她不是先到下榻的地方，而是一头扎进商场实地调研，调研完后，又连夜召开座谈会，商讨市场调整的策略。此后，在新疆的每一个终端市场，人们都能看到杨绵绵的身影。此次实地考察，杨绵绵连续奔波了6个昼夜，以至于在返回乌鲁木齐的途中，她累得一到车上便睡着了。而在抵达目的地的当晚，杨绵绵又出现在座谈会上，尽管由于疲劳过度，嗓子发炎，已几乎说不出话来，但她还是坚持召集工作人员一起讨论在调研中发现的问题，等到所有问题全部讨论结束，已是第二天凌晨4点，而上午8点，她又出现在下一个行程的飞机上。

杨绵绵常常是事必躬亲——对每一项有关海尔发展的事项她都时刻放在心上、实践在行动上——以至于她忽略了疲倦,而让人们觉得她仿佛不知疲倦。

2000年9月,海尔在全国10个城市举行B2B洽谈会,这是海尔历史上的一次重大市场行动。杨绵绵再次担当重任,在长达一个月的时间里,她穿梭于济南、广州、上海、武汉等10个城市,先后逐一主持了这10个城市的洽谈会,而且还在中间返回青岛参加了两个会议。面对员工们关切的目光和询问,杨绵绵惯常的回应是笑笑,那意思是:放心,我没事。

在此次市场行动中,杨绵绵每到一个地方,第一件事就是到会议现场看布展情况,并和商家现场交流。有时尽管飞机到达目的地很晚了,但她的第一个安排仍是赶往会场,这个“惯例”到现在谁也没有给她改变过来,也不可能改变。

杨绵绵总是这样反复说着一句话:“只有到现场才能发现问题,正因为商家对海尔产品很重视,所以我们更应该而且必须把工作做得更好!”

有人曾问她:“你这样没白天没黑夜地干,到底是为了什么?”她说:“**人总是要做点事的,在做事的时候,不要当成负担,而要当成乐趣。**当你看到企业由于自己和同志们的努力每天都在发展时,当你看到这个社会有那么多消费者因使用了海尔产品提高了生活质量时,当你看到还有那么多工作需要自己时,你会感到无比的幸福和自豪!”

整整17年,杨绵绵的每一天都和海尔联系在一起,而且每天都工作10个小时以上,在她的日程表上,几乎没有节假日,而且往往节假日的时候，是她工作最忙碌的时候。每次出差回来，她的第一个去向是企业。张瑞敏曾经多次希望她在星期天回家里休息、放松一下，但杨绵绵已经形成了习惯，仍然不由自主地出现在自己或部下的办公室里，甚至是车间里。

整整17年，作为首席执行官张瑞敏的助手，杨绵绵历任海尔集团副总裁、常务副总裁、执行总裁、总裁。在17个春夏秋冬的耕耘下，她和3万余海尔人一起，用神奇的创造力、神奇的速度，为中国的民族工业打造了一个世界名牌，在这一历程中，杨绵绵也打造了自己事业与人生的辉煌。但在17年的历程中，无论身处什么领导位置，杨绵绵总是以一个普通海尔人的胸怀，在实践着自己的人生理想。从这个意义上讲，杨绵绵的快乐，也来自于她自身的这种胸怀——以海尔的发展壮大为最终目的的胸怀。

杨绵绵获得过许许多多的荣誉——全国劳动模范、全国优秀女企业家、全国优秀管理工作者、国家有突出贡献人才、全国"杰出创业女性"和"巾帼建功标兵"、全国"优秀巾帼发明者"，等等，并被光荣地推选为第七、八、九届全国人大代表。但无论获得什么样的荣誉，杨绵绵总是将其看作是海尔的荣誉、海尔人的荣誉。

张瑞敏将杨绵绵的精神总结为两点：一是她胸怀宽广，从不计较个人得失的高风亮节与志向；二是创业17年如一日，始终不懈的创新精神。

高度的事业心、责任感是做好一切工作的前提条件，也是每个人在工作中应该具备的最核心的内在素质。只有想干事，才能去干事、干好事。只有牢记责任，才能谈得上尽心尽力、尽职尽责。强烈的事业心和高度的责任感是健康成长、成就事业的原动力。

阅读思考：

1. 你是否拥有了强烈的事业心？
2. 你的事业心表现在哪些方面？
3. 在工作中，你是否忙得快乐，累得欢喜？

4.一心一意做工作，全心全意干事业

一心一意做工作，全心全意干事业，就是要把人生的追求定位在事业上，自觉把个人的前途命运融入单位建设的大局之中，并为之奋斗终身；不论何时何地，都要把工作和事业放在第一位，心无旁骛，集中精力干事业，俯下身子抓工作，当个人利益与集体利益发生冲突时，毫不犹豫地牺牲个人利益；正确对待名利，视名利淡如水，耐得住寂寞，抗得住诱惑，努力奋斗，创造佳绩。

当俾斯麦在德国驻俄国的外交部门工作时，他的薪水很低。但是在那里他学到了很多外交技巧，同时也提高了自身的决策能力，这些为他后来扩大德国的疆土，进行有效的国内改革是有很大帮助的。俾斯麦从来没有因为自己的薪水低而不努力工作，相反，他不仅出色地完成了一个外交官的使命，更令人钦佩的是，他为自己国家的强大作出了卓越的贡献。如果没有俾斯麦，德国分裂混乱的局面不知还要持续多长时间。

不要计较你开始上班时单位支付给你的工资，你应该看到从工资背后所得到的东西。你会提高自己的工作技能，你可以积累更多的工作经验，你可以发现并发挥自己的潜能等。而这一切都是宝贵的无形资产。在工作中学习和提高自己，这应该成为你工作的动力，不要将自己工作的目的只局限于薪水上。

一个总以涨薪水为自己奋斗目标的人从来都走不出平庸的生活模式，也从来不会有真正的成就感。

除了薪水，工作还给你带来了很多机会。一方面，你有机会从上司和同事身上学习成功的经验，总结失败的教训，学习他们的技能；另一方面，你也有机会锻炼自己，发现自己的潜力，增强工作能力，使自己成为更有作为的人。

工作是一个学以致用的过程，是一个自我发展的机会。你可以在工作中培养自己多方面的能力，比如行政能力、决策能力、社交能力等。而所有这一切都远远超过了你得到的工资的价值。当你从一个新手、一个经验欠缺的员工成长为一个熟练的、高效的员工时，你实际上已经大有收获了。

不要担心你的努力和进步会被忽视，实际上当你认识到自己的能力在提高时，单位领导往往也看到了这一点。而领导总喜欢重用有能力的人。任何人都应该有事业心，把事业心用在工作中，在工作中展示自己的才华，提高自己的能力，你就会得到他人的肯定，就会得到领导的器重。

有一个叫约翰的年轻人进入美国休伊特·塔特尔实业公司工作，他的工作是当收发员。在约翰进来之前，公司里已有一位叫盖特的收发员，跟约翰一样年轻。

约翰发现收发员的工作大多数时间在看报聊天。他觉得实在太无聊了，刚工作了三个月，他就产生了换岗的念头。约翰把自己的想法告诉了盖特。盖特嘲笑约翰："我没见过有比你更傻的人了，现在这份工作多好，事情不多，薪水待遇还可以，我劝你还是跟我一样，每天等着下班，每月等着领薪水，年纪大了等着退休，这多美，多舒服啊。"

约翰没有听从盖特的劝说，还是坚持要寻找机会换岗。

有一天，约翰听说分厂里想招一名污水技术处理工。约翰立即到经理办公室，提出想做这份工作的请求。经理先是愣住了，然后不解地问约翰："你为什么会有这个念头呢？"约翰告诉经理："我上学的时候曾学过污水处理的技术，现在分厂里需要这样一个人，与其从外面招，不如就在自己公司里找，我可以先去干着试试。"

经理还是有些不放心，他紧紧地盯着约翰："你知道，那个工作有多脏多累吗？你本来是公司总部人员，到分厂去，那是降低地位呀。再说你到了分厂，薪水待遇由他们说了算，肯定没有在总部这么好……"

经理提出的问题，都是现实而严峻的。其实不只是经理，几乎没有一个人对约翰的选择表示理解。其实，是因为约翰对于自己的前程有危机感，他不相信每天这样无所事事能够有很好的发展。

经理批准了约翰的请求。污水处理工作确实既脏又累，工作时间长，非常辛苦，而薪水却比收发员足足少了一半，刚开始约翰心理确实有很大的落差，他只好把全部的热情用到工作上。半年后，约翰的才能和工作热情，得到了分厂厂长的赏识，他任命约翰为污水处理车间副主管，约翰靠努力使自己的事业上了一个新台阶。

不久，有一条内部消息传入约翰耳中，公司准备去美国西部投资，兴建一个分厂，此时公司总部正在为人员调动的事而伤脑筋。因为那里属于西部山区，条件差很多，公司里很多人都不愿意去。约翰当即申请，去西部参加新厂的工作。筹建负责人十分高兴，当即同意了约翰的请求。约翰的上司问他为什么要报名去西部？约翰告诉他："我是在寻找自己最有价值的位置。"

就这样约翰到了西部分厂。约翰发现那里的工作条件比想象中还要差，一切都要从头做起。由于人员短缺，许多事没人干，约翰被临时委任为副厂长，负责工人招聘和技术辅导。

经过一番艰苦努力，半年后工厂顺利生产。约翰因为工作极为出色，他被调回公司总部，被委以重任。而那个叫盖特的收发员，后来因为工作不积极，被公司找了一个工作更积极的人取代了他。

这个叫约翰的年轻人，全名叫约翰·洛克菲勒，后来他创办了闻名世界的美孚石油公司，人称石油大王。

我们不妨对比一下盖特和约翰·洛克菲勒这两个年轻人的差距：约翰·洛克菲勒热情主动，他确实是一心一意在工作，全心全意干事业，他对自己的工作总是要求精益求精，总是为公司的利益着想；而盖特总喜欢投机取巧，总嫌自己的薪水太低，总把自己的利益放在第一位，对待工作三心二意，说到事业心就更谈不上了。

如果你是公司老总，在盖特和约翰·洛克菲勒二人之间选择，你会雇佣谁，或者说你会给谁更多的发展和晋升的机会呢？

毋庸置疑，任何单位都需要一心一意做工作，全心全意干事业的人。

阅读思考：

1. 你对待工作是一心一意吗？
2. 你对待事业是全心全意吗？
3. 你是如何尽心尽力去工作，全力以赴干事业的？

第二章

用进取心去工作

1.进取心是成功的起点

2.将进取心根植于内心

3.爱上你的工作,带上你的进取心

4.做最充分的准备,抱最大的希望,尽最大的努力什么是进取心？进取心是指不满足于现状，坚持不懈地向新的目标追求的蓬勃向上的心理状态。人类如果没有进取心，社会就会永远停留在一个水平上，正如鲁迅先生所说："不满是向上的车轮"。社会之所以能够不断发展进步，一个重要推动力量，就是我们拥有这只"向上的车轮"，即我们常说的进取之心。

每个人都是一座山，世上最难攀越的山，其实是自己。往上走，即便一小步，也有新高度。人生就象登山，很多时候遥看目标，似乎高不可攀，其实每向前一步，我们也就距离目标更近一步。每个人不管多么平凡，只要有进取心，有上进心，愿意真心付出努力，都能够到达比想象更高的高度。人生没有爬不过的山，重要的是行动，要进取，要上进，认准目标之后，脚踏实地向前的每一步，其实都是人生的新高度。

——万科集团董事长王石

1.进取心是成功的起点

进取心是一个人区别与其他生物的重要标志，它是社会进步，也是个人进步的一大动力，是成功的重要基础。现实状况中绝大多数情况是这样：当我们去做某件工作时，常常是不甘心居他人之后，而且总是要决心把这件工作做好，从而激发自己不断进取，去实现自己的宏伟愿望，去实现自己的理想抱负，使自己无法心安理得地满足于现状，不断给自己施加心理压力，促使自己不断上进，这种心理就是“进取之心”的基础和表现。例如世界首富比尔·盖次，他就是凭一颗对工作的热爱和永不枯竭的进取心获得成功的。比尔·盖茨不是靠幸运取得成功的，微软也不是建立在偶然基础上的软件帝国。比尔·盖茨是电脑天才，但他更是一个经营和管理天才，他在微软的成长壮大中付出的心血和汗水，他非凡的事业心和进取心，促使他获得成功。

进取心是成功的起点，有了成功的起点，才有成功的人生。人有了进取心，才可以充分挖掘自己的潜能，实现人生的价值，充分享受成功的喜悦。

在现实工作中，有些人在工作的时候也曾满怀激情地去工作，但日复一日地重复着平淡而乏味的工作，工作激情被一点一点消磨，进取心一点点消失。针对这种情况，我们应该换一种工作心态，我们应该这样想：工作中不管做什么事，都应该把它当作学习和个人成长的一部分，将每件任务作为下一个新的开始，一段新的体验，一扇通往成功的机会之门，无论从事什么工作，无论身处什么岗位，都应该时刻保持进取心，充满激情，全身心投入工作。

不要为所从事的工作而抱怨。因为工作本身没有错，错的是我们工作时的心态。我们应有积极进取的工作态度，应该想着怎样将工作做得精益求精，只有这样，才能保持从容和自信，一步步走向成功。

香港金牌经纪人赵润勤，在演艺界工作了30多年。这个“鬼才星探”，曾经拿着一架宝丽来照相机，蹲守在香港尖沙咀、铜锣湾和中环等繁华地段的街头，在川流不息的人群中，等待惊喜的出现。别小看了这个工作，正是通过这种最原始的“扫街”，赵润勤发现并扶助了影星张曼玉、钟楚红、关之琳、陈玉莲，以及歌星陈慧娴、李惠敏等几十位著名艺人。

赵润勤是演艺圈公认的伯乐，如果没有他的慧眼，这些红极一时的明星，也许将与演艺事业失之交臂，是“鬼才星探”将他们从茫茫人海中“扫”了出来。

如今的赵润勤是英皇公司的业务发展总监，常驻北京，全力以赴发掘内地的明日之星。不过，很少有人知道，在成名之前，赵润勤只是个办公室小弟，干的是打杂的活。那么，又是谁发现并提携了他呢？

刚刚走出校门的赵润勤，来到了香港一家广告公司工作，和许多年轻人一样，成了一名办公室小弟。在香港，所谓办公室小弟，就是为公司的各个办公室打打水，拖拖地，整理整理简单的文档什么的，说穿了，就是一个勤杂工。

一天，赵润勤正在帮助整理一些文档，都是与公司有业务往来的演员资料。他发现，这些珍贵的文档竟然混乱不堪，如果要查找某个演员，会很麻烦。赵润勤想，如果将这些资料整理好，公司的工作效率岂不是会大大提高？于是，他加班加点，花了五个通宵，终于将这些演员的资料全部整理得井然有序。

并没有谁要求他这么做，而且，这也不是一个办公室小弟的职责范围。但是，赵润勤默默地利用自己的业余时间将它们整理了出来。

几天后，公司老总注意到了这个变化，并询问是谁做了这件事。得知这是一个新来不久的办公室小弟做的，老总诧异不已。老总将赵润勤叫到了自己的办公室，询问了一些他的工作情况后，当场宣布提升他为演员联络主任。

这个决定让当时只有18岁的赵润勤忐忑不安，他担心自己刚工作不久，经验、能力有限，难以胜任。没想到，老总却激动地告诉了他能胜任的理由："首先，你注意到公司工作中的问题，意识到这个问题对工作的影响，并尽己之力进行了改进；其次，也是最重要的一点，在整理这些演员资料的过程中，你成了整个公司对演员最了解的人。"

事实证明，老总的眼光非常锐利。因为他的这个发现和破格提拔，演艺圈从此多了一位独具慧眼的天才星探。一位又一位颇具资质和潜力，日后名噪一时的艺人被赵润勤发掘了出来。

有人感叹，马路上并不缺乏明星，缺乏的是发现明星的星探。其实，这句话也可以反过来说，我们身边并不缺少星探和伯乐，问题是，你凭什么让老总发现你，看中你，并相信你，重任你？

五个通宵，这是赵润勤从一个办公室小弟到演员联络主任的距离，只要你足够有心，足够用心，你的面前，就一定也有这样一条“捷径”。走上这条“捷径”，你需要有进取心。

他出身卑微，却身怀远大理想。多年前，他在1983年版的《射雕英雄传》中扮演那个宋兵乙，为增添一点点戏份，他请求导演安排“梅超风”用两掌打死他，结果被告之“只能被一掌打死”。这个年轻时被称作“死跑龙套”的卑微小人物，第一次当着导演的面谈到演技的时候，在场的人无一例外都哄堂大笑，但他依然不断思索、不断向导演“进谏”，直至2002年自己当上导演。那年，他获得了香港金像奖“最佳导演奖”。他就是“喜剧之王”——周星驰！

20世纪90年代，在一趟开往西部的火车上，梳着分头、戴着近视眼镜的他看上去朝气蓬勃，内心却带有微微的彷徨。那时的他严肃乏味，常常独坐好几个小时不说话。后来转行做主持人，1998年他第一次主持的电视节目播出时，他发现自己说的话几乎全被导演剪掉了。他让身为制片人的妻子准备了一个笔记本，把自己在主持中存在的问题一一记录下来，哪怕是最细微的毛病都不要放过，然后逐条探讨、改正。即使今天其身家已逾4亿元，成为了中国最具影响力的主持人之一，他仍未放弃面“本”思过。他就是央视名嘴——李咏！

10年前，他是大学里的“小混混”，由于经常逃课而被老师责备。毕业后被分到当地的电信局当小职员，面对冗杂的机关工作，他感到既劳累又苦恼，后来他勇敢而果断地辞了职，然后自创网站，从而走向中国互联网浪潮的浪尖，他在2003年福布斯中国富豪榜中位居第一位。他就是网易老总——丁磊！

5年前的他是一个防盗系统安装工程师，用他的说法“做的就是跟水电工差不多的工作”。“有时候装监视系统要先挖洞，一旦想到歌词就赶快写一下！”当年的他就是这么边干活边写词，半年积累了200多首歌词，他选出100多首装订成册，寄了100份到各大唱片公司。“我当时估计，除掉柜台小妹、制作助理、宣传人员减半再减半地选择性传递，只有12.5份会被制作人看到吧，结果被联络的几率只有1%。”其实那1%就是100%！1997年7月7日凌晨，他正准备去安装防盗系统，有人打电话给他，那个人叫吴宗宪，同时走运的还有另一个无名小卒——周杰伦。从他和周杰伦合作的歌没人要，到要曲不要词，慢慢地曲词都要，之后单独要词，但还会有三四个作者一起写，直到最后指定要他的词。他就是华语歌坛著名词作家——方文山。

这几个人：周星驰、李咏、丁磊、方文山，他们现在都成为了名人。他们在成名前和很多人一样默默无闻。不要抱怨贫富不均，生不逢时，社会不公，机会不等，制度僵化，条理繁复，伯乐难求。要知道：其实每个人都平等地享有出人头地的机会，明天，或者明年，同样会诞生像他们一样成功的人，就看是不是今天的你，就看你是否跟他们一样有进取心，跟他们一样有毅力和耐力。

阅读思考：

1. 工作中，你有没有进取心？
2. 在单位里，你想做出什么样的成绩？
3. 你觉得你能在工作中取得成功吗？

2.将进取心根植于内心

在我们的身上，存在一种神秘的力量，它就是进取心。它不允许我们有丝毫懈怠，它让我们永不满足，每当我们达到一个高度，它就召唤我们向更高的境界努力。它是摆脱颓废的最佳手段，一个人一旦形成不断自我激励、始终向着更高境界前进的习惯，身上所有的不良品质和坏习惯都会逐渐消失。纵观古今中外的成功人士，他们身上大都有这种不断进取的个性与品质。

任何一个人要想在工作和事业上取得成就，一定要在内心深处根植积极进取的心态，就是主动去做应该做的事情。进取心对一个人的一生实在是太重要了。没有它你就不会坚持学习；遇到挫折就会立即放弃；获得一次成功就会自我满足。年轻人尤其要有进取心，年轻时没有它就会整天游手好闲，不学无术，没有奋斗的目标，也没有为社会贡献的想法；到了中年还没有它，就会一事无成，苟且偷安；步入晚年，生活就会没有着落，为人所不齿，更不用说什么大器晚成了。

一个20多岁的年轻人整天在家什么都不干，也不知道自己应该干什么，他陷入了迷茫，觉得自己一生没戏了。于是他去找一位算命先生，希望别人能指点迷津。

可是事情并不如他所愿。年轻人苦恼地对算命先生说："您看我现在，书也没有好好念，没有多少文化，找不到好工作。前两天，好不容易在工厂找了个差事，可是我一不小心睡过了头，又被开除了。您看我年轻时遭遇了这么多的磨难，是不是到了中年会苦尽甘来呢？"

算命先生掐指一算，摇头说："你到30岁还成不了什么大事业！"

年轻人大失所望，感叹道："别人都说成为大人物是要经过一些磨难的，可我怎么还会一事无成呢！看来，我是命该如此！"

算命先生不语。

年轻人还是有些不甘心，又问算命先生："那我40岁呢？"

算命先生轻蔑地看了看年轻人，说："你现在就这样了，到40岁的时候，你就已经习惯了！"

算命先生的最后一句话像警钟一样惊心动魄。当一个人习惯了平庸，没有进取之心，甘于落后的时候，那将是一件多么可怕的事情啊！

很多时候，一个人一事无成最直接的原因就是缺乏进取心。念书的时候不思学习，工作的时候消极怠工。等到了30岁，有了精力却没有能力，好不容易有了能力又没有机会，等有了机会人也老了。到了40岁时，你就会对按部就班的生活和贫穷的日子习以为常，麻木地听从现实生活的安排。进取的意志慢慢被生活消磨而去，追求的事业没有了动力，就像一部陈旧的机器一样锈迹斑斑。这种思想很多人都有，也很容易沾染上。

任何组织都需要具有高度进取心的人。

前微软全球高级副总裁、创新工场创始人李开复曾经说过："三十年前，一个工程师梦寐以求的目标就是进入科技最领先的IBM。那时IBM对人才的定义是一个有专业知识的、埋头苦干的人。斗转星移，今天，人们对人才的看法已逐步发生了变化。现在，很多公司所渴求的人才是积极进取、充满热情、灵活自信的人。"

任何组织都喜欢那些真正有进取心的人。这些人往往能自觉地、积极地进行努力，并能不屈不挠地把思想付诸行动，影响和带动周围的人去工作。一个人如果进取心不足，在工作中会抱着应付了事的态度，自然不会提出主动性建议，也不会去开拓工作的新局面。

任何组织都清楚员工的需求，也知道满足这些需求很重要，但在招聘时，他们关心的主要问题仍然会是："这个人能为我们组织做什么？"组织所寻找的，是那种有动力和热情、能够证明自己确实能为组织作出贡献的人。

《追求卓越》的作者汤姆•彼得斯被认为是当代最杰出的管理专家之一，在一次演讲中，他引用了一位咨询专家的话，他评价说，这句话可能是英语语言中最重要的话。你猜得到这句话是怎么说的吗？

这句话是："**如果你说不出你能怎样使公司受益，那你就该走人了！**"

汤姆·彼得斯非常欣赏这句话。他说，这句话和我们每个人的职业生涯息息相关，影响我们的命运，决定我们的前途，对于这句话的重要性怎样高估都不过分。

一个人没有进取心，又想偷奸耍滑，这种人肯定不招人待见。

小李应聘动物园的行政工作，他当时就被录用了。招聘人员告知他，第二天早上十点报到。

小李心想："反正都已经录用我了，迟到一下应该不会怎么样吧！"于是，他第二天下午两点才到动物园报到。

没想到，人事主管告诉他："你早上没有来报到，我们以为你不来了，所以已经由候补人员顶替了你的职位。"

"还有没有其他的工作？"小李急着问。

"有是有，可是……"人事主管问："你愿不愿意扮猴子？"

"扮猴子？好吧！"为了赚钱，小李只好答应了。

星期天的动物园，到处都是小孩子，小李穿上猴子装，在栅栏里跳舞，博得了许多小孩子的掌声，自己觉得很有成就感。接着，他又跳到树上荡秋千，动作越做越大，结果一不小心，手滑了一下，整个人飞到了隔壁的老虎笼里。

老虎一看到小李扮成的猴子，飞扑了过来，抓住了小李的手。

就在小李以为自己快要被老虎吃掉，准备大喊救命时，老虎压住了小李，并在他的耳边说："不要出声，让游客知道了的话，我们两个都要失业的！"

小李不得不苦笑，原来这只老虎也是人扮的。

进取心塑造了一个人的灵魂。我们每个人所能达到的人生高度，无不始于一种内心的状态。当我们渴望有所成就的时候才会冲破限制我们的种种束缚。如果一头牛不想喝水，你无法按下它的头。而一个不想进步的员工，即使拿鞭子抽他，他也不可能有出色的表现。一个没有进取心的人，我们怎么能奢望他付出更多的努力去培养其他的良好习惯呢？

一个人有进取心就意味着拥有高远的、持久的目标。始终相信自己会有一番作为，并积极主动去实施自己的计划。只有这样你才能不断地超越自己，在下一次的工作中弥补上次的不足，做得更好，更加完美地实现自己的价值；对自身的素质会提出更加严格的要求，对经营和管理也会精益求精……总之，进取心是一种助推器，会把你的事业推上顶峰。

士光敏夫是日本经济界鼎鼎有名的人物。他在重整东芝公司时，遇到了资金不足的困难。当时第二次世界大战刚结束没多久，要筹到资金非常不容易。他去一家银行申请贷款，但主管贷款的部长对他十分冷淡。经过他的不断努力，部长的态度才稍微有所好转，但对贷款问题却绝不松口。

终于到了那么一天——如果在两天内仍然没有资金投入，那么，公司将不得不全线停工。形势逼人，士光敏夫决定破釜沉舟："怎么也得迫使部长就范！"

他让秘书给他找了一个大包，在街上买两盒盒饭放在里面，然后赶到银行。一见部长，他就开始软磨硬磨，希望给他贷款。但对方就是不松口。

双方又展开了一场舌战，不知不觉已接近下午下班的时间了。当营业部的下班铃声拉响时，部长如释重负，提起公文包准备回家吃饭。

不料士光敏夫却从包里拿出两盒盒饭:“部长先生,我知道你工作辛苦了,但是为了我们能够长谈,我特意把饭准备了。希望你不要嫌弃这寒酸的盒饭。等我们公司好转后,我们再感谢你这位大恩人。”

面对他这份“无赖劲”,部长真是无可奈何。但也正是士光敏夫表现出的这份坚毅,使部长产生了对他贷款的信心,最终批准了他的贷款申请。

进取心的力量是不可估量的。

年轻的日本商人齐藤竹之助一心希望能在事业上有所作为,可是到了57岁的时候,他却背负着320万日元的债务。你能想象他最后的结局吗?四处躲债?消极遁世?宣告破产,一走了之?甚至自杀身亡?难以想象的是15年过去了,72岁的他不但还清了所有的债务,还成了全世界的首席推销员,名利双收。他对于成功经验的概括只有两点:一要有坚定的信念,二要有不断进取的精神。这个事例无疑是震撼人心的。如果你现在意识到进取心的重要并用于你的事业上,成功就离你不远了。

阅读思考:

1. 在内心深处,你有没有积极进取的信念?
2. 你能说出如何使单位受益的方法吗?
3. 面对工作中的困难,你是驻足不前还是勇往直前?

3.爱上你的工作，带上你的进取心

作为员工，我们每天都应该保持对工作的兴趣，保持对工作持久的热忱，换句话说，就是要热爱自己所从事的工作。你一旦热爱上你从事的工作，进取心就会附加在工作上。你努力工作，热爱工作，工作也会回报你，眷顾你。任何人都不能不工作，工作是自己的责任和义务，一个人应为实现自我价值而用心工作。工作可以满足一个人，让他快乐。每个人都需要在工作中寻找自己的归宿和价值，实现自己的理想。

当你热爱自己所从事的工作时，你就会发现，由于坚持所爱，这份工作不仅让你彻底发挥了才能，并且获得了更丰厚的酬劳，最终能够闯出一条不凡的事业之路。

20世纪70年代末，一位优秀的欧洲服装设计师想到泰国去开拓市场。那时的泰国根本没什么时装的概念，从大城市到小乡镇，从大街到小巷，全是清一色的民族服装。有人告诉他，泰国根本就没有人穿时装，去泰国推广，简直是一个荒谬的想法。

他在欧洲是非常有名的设计师和服装商。可他到了泰国后却遭受了完全不同的待遇，他的服装展几乎没有一个人来参观，更别说达成什么合作业务了。后来，这位设计师了解到，泰国人的思想比较保守，一穿起时装就担心会被别人看成是另类。尽管如此，他依旧相信爱美之心人皆有之，没有人会从心底愿意永远被裹在单调的服装里面。

经过一番考虑以后，他改变了在欧州的那种“暴露”的服装特点，在设计上稍微补充一些“保守元素”进去，并且对服装大小也做了调整，更适合泰国人穿着。

两个月以后，他带着几套时装来到泰国服装联合会，虽然是服装联合会，里面的工作人员都没有一个是穿时装的。

看到这种情况，这时，那位设计师的助手说：“我看还是算了吧！你看，连他们自己都不穿时装，更别说让别人穿了！”

“现在下结论还太早！”设计师从容地说。

在接待室里休息的时候，为了展示自己的品牌，这位设计师很想找个泰国本地人试穿一下。正在这时，一位长相不错的秘书小姐走过来倒茶，设计师站起来对她说：“您能试穿一下这些衣服吗？”

这位秘书小姐虽说个头不大，身形却较胖。设计师的助手又悄悄对他说：“这个姑娘的身材并不好，也试穿不出效果来。”

但设计师好像是没听见他的话一样，坚持要让秘书小姐试穿。当这位女秘书换上时装从隔壁办公室里走出来以后，所有人都被她的美丽惊呆了。这时，设计师用相机拍下了泰国女孩子穿上时装后的样子。

之后不久，这位设计师在泰国参观了许多纺织厂、丝绸加工厂和商店，他每到一地都要把那张照片拿出来让大家看——穿上时装的泰国姑娘是多么漂亮！渐渐地，有不少人被这张照片打动了，这位设计师的时装也开始一点点地渗入到了泰国的市场中。

这位设计师就是服装设计大师皮尔·卡丹！“如果只是把产品卖给需要产品的人，那只能算是在做生意，但是如果能把产品卖给根本不需要你这些产品的人，那就不仅仅是在做生意了，而是在开拓市场！”这是皮尔·卡丹常常说的一句话。

皮尔·卡丹没有进取心就不会想到去泰国开拓市场，他要是没有进取心就不会在泰国坚持下来直到最后的成功。事实上，有了进取心，我们才可以充分挖掘自己的潜能，实现人生的价值，充分享受人生的甘美。我们才能扼住命运的喉咙，把挫折当做音符谱写出人生的激情之歌。我们才能在生命中时刻充满青春的激情和朝气。

进取心和想象力是成功的起点，也是最重要的心理资源。目光高远，时刻想着提高和进步，是成功者最重要的习惯。

阅读思考：

1. 你喜欢你现在从事的工作吗？
2. 在工作中你会注入进取心吗？
3. 你是如何在工作中找到突破口的？

4.做最充分的准备，抱最大的希望，尽最大的努力

具有强烈进取心的人，在做任何工作之前，总是会做好最充分的准备，会对工作结果抱着最大的希望，希望能做到最好，为把工作做到最好，而尽最大的努力。具有强烈进取心的人，总是渴望在工作中有所建树，争取更大、更好的发展；总是为自己设定高标准、高目标，勇于迎接挑战，总是要求自己工作成绩出色。

1944年，天生喜欢挑战和进取的李嘉诚，选择了到香港一家五金厂当推销员。开始了香港人称之“街仔”的推销生涯。这一年，他年仅16岁。

最初，李嘉诚每次向客户推销产品之前，心情也十分紧张。所以他总是在出门前或者在路上把要说的话想好，反复练习，冷静分析和研究产品的优劣之处，进行充分的准备。渐渐地，李嘉诚发现自己推销有术，自己具备了敏锐的观察能力和分析能力。

李嘉诚认为，在从事推销工作的时候，自己必须要充满自

信，且又十分熟悉推销的产品。要尽最大的努力，设法让用户感到你的产品是廉价而且优秀的。并且，最重要的是，要时刻注意客户的心理及其变化，时刻使他们有兴趣听自己讲述，而不认为是在浪费他们的时间。

实际上，只有16岁的李嘉诚，仍长着一张让成年人无法信赖的孩子脸。但聪明的李嘉诚，总会预先告诉客户他的年龄，再加上他那让人信赖的诚实目光，常使他无往而不胜。很快，李嘉诚的推销成绩遥遥领先于其他同事，成为公司推销员中的佼佼者。

李嘉诚到五金厂的主要任务是负责白铁桶的推销。当时，推销的对象集中于卖日杂货的店铺，李嘉诚一入行就感受到了竞争的激烈。于是，李嘉诚采取避实击虚的直销方法去推销。

他首先看准酒楼、旅店是白铁桶的“吃货”大户，就集中精力对这些“堡垒”进行攻坚。当时，推销员到酒楼、旅店直接推销的不多。但精明的李嘉诚发现了利于直销的两个条件：一是直销价格比酒楼、旅店到市场去买要便宜，二是送货上门节省了客户的时间和精力。因此，李嘉诚这一招轻而易举地获得了成功。有一次，李嘉诚在一家旅店，一下子就销出100多只铁桶，销售业绩十分惊人。

此外，李嘉诚对家庭散户又作了研究，他发现，当时高级住宅区的家庭大多使用铝桶而不是白铁桶。于是，李嘉诚就掉转矛头把目标瞄准中下层居民区。但即使是中下层居民区，一户家庭，通常也只使用一两只铁桶，潜力远非酒楼、旅店可比。然而，家庭散户又有一个酒楼、旅店所不能比拟的优势，就是积少成多，这样加起来的数量也很庞大。如何占领这一分散而又不可忽视的庞大市场？李嘉诚开始时一筹莫展，他苦苦思索着，时刻准备着。

有一天，李嘉诚看见几个老太太围坐在居民区的椅子上择菜聊天，突然间茅塞顿开。他将销售目标锁定在老太太身上，专找老太太卖桶。他这样盘算：只要卖动了一只，就等于卖掉了一批。因为老太太都不上班，喜欢串门聊天，自然而然就成了他的义务推销员。经过实践，李嘉诚又大获成功。

一次，有一家刚落成的旅馆正准备开张，李嘉诚的几个同事抢功心切，抢先找到旅馆老板谈生意，不料都被拒之门外，无功而返。原来旅馆老板早就有意与另一家五金厂合作。

李嘉诚迎难而上。他并不急于见旅馆老板，而是先与旅馆的一个职员交朋友。然后假装漫不经心地从那个职员口中套知老板的有关情况，以选择突破口。

那个职员谈到老板有一个儿子，整天缠着老板要去看赛马。老板很疼爱他，但旅馆开张在即，千头万绪，根本抽不出时间陪儿子。

职员是当做趣闻说起这件事的。可言者无意，听者有心。李嘉诚感觉他已经找到了打开老板闭门拒客的钥匙，他让这个职员搭桥，自掏腰包带老板的儿子去跑马场看赛马。老板的儿子玩得兴高采烈。

李嘉诚的举动令老板十分感动，为了答谢李嘉诚，旅馆老板很爽快地同意从李嘉诚手中购买380只铁桶。这笔生意做成后，李嘉诚马上成为了五金厂一等“英雄”。

小小年纪的李嘉诚之所以能有如此大的作为，是因为他有着一股永不服输的执拗劲。有一件事就完全表现出了李嘉诚永不服输的个性。

有一次李嘉诚去酒楼推销铁桶，遭到酒楼老板毫不客气的拒绝。李嘉诚沮丧地走出那家酒楼。离开酒楼不远，李嘉诚站住了。他不是个轻易认输的人，眉头一皱，计上心来，他又回到酒楼。一见酒楼老板，李嘉诚抢先说："我这一次不是来推销铁桶的。我只想请教，在我进贵店推销时，我的动作、言辞、态度等有什么不妥当的地方，请您指点迷津。我是个新手，您比我有更丰富的经验，在商界您已经是个成功人士，我恳求您的指点。"李嘉诚虚心而坦诚的求教精神和真诚的态度感动了酒楼老板，酒楼老板立即改变拒人千里之外的冷冰冰的态度，向李嘉诚提出了一些批评、建议。酒楼老板也不忍心为难这位真诚的年轻人，立即收回成命，与李嘉诚做成了一桩生意。

李嘉诚这一招可谓是一石二鸟，一箭双雕，既学到成功人士的经商经验，又做成了生意。

李嘉诚在做推销员的时候并不是每笔生意都能成交，在一次推销中，他却失败了。

那天，李嘉诚和一个推销塑料桶的老板在一家大酒店不期而遇，一个向酒店推销铁桶，一个推销塑料桶。最后，李嘉诚没做成这笔生意。那个推销塑料桶的老板觉得李嘉诚是个人才，邀请李嘉诚加入他的塑胶公司。李嘉诚答复说要回去考虑一下。

这次失败，使李嘉诚清醒地看清了市场形势：镀锌铁桶的江河日下以及塑胶制品桶的蒸蒸日上。

那一晚，李嘉诚辗转难眠。他分析了失败的原因：塑胶制品易成型、质量轻、色彩丰富、美观适用，还是木质和金属制品的替代物，发展潜力巨大。

没有什么可犹豫的了。第二天，李嘉诚毅然决定加盟塑胶公司，进入这个新兴的塑胶行业。

在五金厂辞工时，李嘉诚对工厂老板说明了当前的形势，并建议他：审时度势，要么转行做前景看好的行业；要么就调整生产门类，尽量避免与塑胶制品冲突，塑胶虽用途广泛，仍不可替代一切金属制品。

一年后，这家五金厂转为生产系列锁，一度奄奄一息的五金厂，马上就焕发出勃勃生机。后来，五金厂老板遇到李嘉诚，欣喜地说道："阿诚，我听了你的建议，改做锁业了，现在工厂生意不错。你在我厂里，我早就看出你是个不同寻常的年轻人。你将来准会干出大事业来的。"

香港是接受新事物最快的地方。香港没有传统工业，它与世界有广泛的联系，能够迅速地引进适宜在本地发展的产业。最初的塑胶厂屈指可数，但很快就雨后春笋般地发展起来。因此，李嘉诚以他超前的眼光，看好了塑胶发展的美好前景，再加上一家塑胶公司老板真诚邀请，他决定加入塑胶公司。

李嘉诚小小年纪就掌握了经商的秘诀，他对推销工作已经有了独特的见解。他认为摸清市场动向，建立销售渠道，广交朋友，才能做好生意。

李嘉诚推销商品不是靠高谈阔论，而是注重市场和居民使用这种产品的体验感。李嘉诚把香港划了很多个区域，每个区域的居民生活情况和市场情况都记在一个小本子上，只要产品一出厂，便知道该推销到什么地方去。因此，李嘉诚经过一年的努力，他的推销成绩远远超过了塑胶公司的其他同事，得到老板的赞赏。

在塑胶公司，李嘉诚主要负责推销塑胶洒水器。有一次，李嘉诚走访了几家客户，都无人问津。

有一天一大早，李嘉诚来到一家批发商贸行，他想等批发商贸行的职员上班后洽谈业务。这时，李嘉诚看见清洁工在打扫卫生，他灵机一动，就自告奋勇地拿出洒水器帮清洁工洒水。这样做，李嘉诚期望遇到提前上班的职员，让他们能亲眼看见洒水器的好处，眼见为实，有了实在的感性认识，洽谈起来才更有说服力。果然有职员提前来到，碰巧还是负责日用品器具的部门经理。结果，李嘉诚很顺利就达到了目的，该经理很爽快答应，愿意经销这种塑胶洒水器。

因为李嘉诚做出的成绩实在是太出色了，老板也非常欣赏他的才华，所以，在李嘉诚刚满17岁那年就被提拔为业务经理，统管产品销售。时隔不久，又晋升为总经理，全盘负责日常事务。李嘉诚成了塑胶公司的台柱。

自从李嘉诚加入塑胶公司后，他深信，能从老板那里学到许多制造塑胶的技术和经营经验。在当塑胶产品推销员的日子，他每天工作16～20小时，他很谦虚地向老前辈们学习，他经常对塑胶市场进行深入调查和细心分析，把每天工作中遇到的事，或发现了什么新的信息，都记录下来。他在塑胶公司工作期间积累了一些经验后，他又有了新的打算。他如实地告诉老板他的想法，这是他一直以来的愿望：他打算自己开一家塑胶厂。

就这样，李嘉诚怀着愧疚之情离开了塑胶公司。这是他人生中一次重大转折，从此，他走上了充满艰辛与希望的创业之路。

1950年，李嘉诚把握时机，用平时省吃俭用积蓄的7000美元在筲箕湾创办了自己的塑胶厂，他将它命名为长江塑胶厂。这个叫长江塑胶厂的工厂后来成了举世闻名的长江实业集团，李嘉诚也成为了华人首富。

进取心是人类智慧的源泉，它就好像是从一个人的灵魂里高竖在这个世界上的天线，通过它可以不断地接收和了解来自各方面的信息。它是强大的引擎，是决定我们成就的标杆，是生命的活力之源。

有进取心和没有进取心的人差别表现在以下几个方面：

①没有强烈的好胜心，对事业没有追求；没有强烈的求知欲和好奇心，对于新事物的兴趣不高；没有明确的个人目标，这样的人是没有进取心的。

②有较强烈的好胜心，对事业有一定的追求，敢于向未知领域挑战；有比较强烈的求知欲和好奇心，会及时学习，更新自己的知识提高职业素养；有较明确的个人目标，并为之奋斗。这样的人有一点进取心。

③能够虚心求教，主动从多种渠道吸收信息；能够迅速提高业务素质，并成为骨干；有好胜心，有必胜的信心，主动去学习各方面知识，加强自身素质的提高；对新事物有强烈

的好奇心并能很快地吸收新知识，新技能。这样的人进取心比较强。

④在工作中全力以赴，制订高目标，为之奋斗；不断地追求完美；具有旺盛的精神，对待任何事物都有良好的工作面貌，谦虚好学、积极主动；勇于接受挑战，要求自己工作成绩出色；对新事物有强烈的求知欲，并学以致用。这样的人进取心很强，想不成功都难。

阅读思考：

1. 接到工作任务后，你会做最充分的准备吗？
2. 你希望把工作做成什么样？
3. 你会尽最大的努力去工作吗？

第三章

用责任心去工作

1.把责任心融入你的工作标准

2.对工作负责，才能进入用心的状态

3.负责人境界，担当最辉煌

4.拥有一流的责任心，才能做出一流的成绩什么是责任心？责任心是指个人对自己和他人、对家庭和集体、对国家和社会所负责任的认识、情感和信念，以及与之相应的遵守规范、承担责任和履行义务的自觉态度。它是一个人应该具备的基本素养，是健全人格的基础，是家庭和睦，社会安定的保障。拥有责任心的员工，会认识到自己的工作在组织中的重要性，把实现组织的目标当成是自己的目标。

在我的字典里没有管理两字，只有责任。你答应的事就要做出来，这种责任就是最重要的纪律。有压力，才称得上是工作，不然就是玩耍。管理哪有什么诀窍，主管带头做，底下照着做，各自尽职尽责，就是如此。

——台湾鸿海集团董事长郭台铭

1.把责任心融入你的工作标准

真正有责任心的人会把工作视为自己的责任和使命，并依此建立自己内心的工作标准。无论有没有人监督，他们都会全力以赴地、虔诚地对待自己的工作。他们以高度的责任心和近乎完美的标准对待自己的工作，努力将工作做到尽善尽美。这种强烈的责任感如同一个巨大的安全保护伞，为工作单位更为自己遮挡了风雨，从而可以轻松自由地享受风雨后的彩虹。

对于尽职尽责的人来说，卓越是唯一的工作标准。他们不会对自己说“我已经做得够好了”，而是要求自己在每一份工作中都做到尽善尽美。在工作中习惯说自己“做得够好了”的人是对工作不负责任，也是对自己不负责任。每个人的身上都蕴含着无限的潜能，如果你能在心中给自己定一个较高的标准，激励自己不断超越自我，那么你就能摆脱平庸，走向卓越。

1992年，陈绍鹏从北京轻工业学院毕业，因为成绩优异，获得了留京资格，被分配到当时轻工业部下属的某单位计算机中心工作。1993年2月，陈绍鹏在《北京青年报》上看到了两条招聘广告，一条是一家通信公司招聘技术人员的广告，另一条是联想的招聘广告。联想的招聘广告上有一句话："如果你想站得高、看得远，请做联想人。"陈绍鹏当然想站得高、看得远。他给两家公司都寄去了简历，很快他就接到了通信公司的面试通知，但是他最希望去的是联想。在等待两天后，他也接到了联想的面试通知。他推掉了那家通信公司的邀请。他决定去联想应聘。

在老联想总部附近的一个食堂里，陈绍鹏和其他70多人参加了笔试，接着参加了面试。1993年3月3日，陈绍鹏接到通知，他被联想录用了。陈绍鹏当初应聘的职位是技术研发人员，但却被分配到了销售部。杨元庆重整联想微机事业部的时候，陈绍鹏成为杨元庆选留的112人之一，在杨元庆对留下的这100多个销售人员进行"大砍大杀"，只留下18个人时，陈绍鹏又成为"18棵青松"之一。

杨元庆任命陈绍鹏为联想西南区经理，派他到西南地区开拓市场。陈绍鹏单枪匹马来到了成都，而当时以成都为中心的西南地区市场没人听过有联想电脑这个品牌。陈绍鹏在当地雇用了一个男孩，经过一个月的筹备，在成都开了第一家联想电脑专卖店。由于陈绍鹏表现突出，杨元庆又把他调到西北区。凭借着超人的毅力，陈绍鹏在毫无基础的西部开发出了市场，创造了联想电脑西部开发的传奇故事。

1996年，陈绍鹏又被派去开拓华南市场。在那一年，他遇到了前所未有的挑战。华南市场由于受香港地区的影响，普遍只认可国际大品牌的PC，对当时还没有多大名气的联想电脑根本不认可。再加上在西北土生土长的陈绍鹏，到了华南因为不会当地方言，与经销商交流感觉很困难。刚到华南时，陈绍鹏为了劝说广东最大的一家代理商销售联想产品，先后登门拜访了7次，都没有成功。

在当年的联想公司北戴河总结会上，杨元庆不点名地批评了华南区，因为华南区的电脑销售只增长了百分之十几。那一次，坚强的陈绍鹏第一次掉泪了。但陈绍鹏很快从消沉中走了出来，他回到广州后，改变了策略，和当时广州一家很大的知名电脑城合作，举办了一次“电脑节”，使联想的名字被人们所熟悉，开始有代理商来洽谈销售联想电脑的业务。局势由此发生变化。1997年联想华南区的销售业绩比1996年同比增长585%。

陈绍鹏的成功，使他成为联想公司的传奇人物，就如同杨元庆一样。从西北杀到华南，一路业绩飙红，也造就了他在联想内部传奇般的提升速度。陈绍鹏被称为联想的实战派大将，而且是干一项成一项的福将。他进入任何一个区域，都能实现惊人速度的业绩蹿升。他在担任联想商用台式电脑事业部总经理时，作为主力军，以敏锐的商业嗅觉，抓住了机会，在打造联想PC领军之位的战斗中，业绩斐然。在任联想市场系统副总裁时，他成功策动了联想营销模式和组织架构的战略变革。他担任联想销售系统副总裁时所实验的多种新奇销售招术，被认为是商业营销的经典案例。

2005年9月30日，陈绍鹏被任命为联想大中国区总经理，他第一次真正从销售火线下来，走进了公众的视线。他说：“在此之前，我负责整个中国区的销售业务，但我从来没有，至少当时没有想过自己会坐上大中国区总裁的位置。”他上任后不久，很快就制定出了整合后的四大战略：打造国际品牌、建立柔性企业、突破四大重点市场和充分发挥Think品牌业务。

2006年11月10日，在珠海海泉湾度假村举行的联想公司重点代理商大会上，身为联想董事局主席的杨元庆不吝言辞称赞陈绍鹏，他对代理商们说：“你们尽可以放心地和绍鹏合作，他完全值得信任。”他告诉记者：“我正因为对绍鹏120%的放心，才把大中国区交给他。我也会在代理商大会上告诉我那些老伙伴，踏踏实实地和绍鹏合作。”杨元庆认为，大中国区之所以取得这样好的业绩，说明了联想在国际化之后并没有失去对中国市场的专注，联想的业务模式是成功的，但更重要的是陈绍鹏所领导的团队能力非凡：“连续将近7个季度，从来没有掉过链子。在市场份额已经超过30%的情况下，大中国区依然能够高于行业平均增长率，是非常不容易的。”联想集团近40%的收入来自陈绍鹏领导的大中国区，大中国区已成为联想的大后方。杨元庆对陈绍鹏“120%放心”，而陈绍鹏也没有给杨元庆丢脸，交上了一份满意的答卷。

每个人都是带着责任来到这个世界上的。美国西点军校的学员规章规定：每个学员无论在什么时候，无论在什么地方，无论是否进行自己的私人活动，都有责任履行自己的职责和义务。这种履行必须是发自内心的责任感，而不是为了获得奖赏或别的什么。

要将责任心融入自己的工作标准，我们在工作之余不妨试着反省一下自己的工作：

如果你能在规定期限的前一天完成任务。

如果你能把每件普通的小事处理得漂亮至极。

如果你能把上司交代的事情做得既周到又完美。

如果你能把那些别人可以做到合格的事情做到优秀，把别人可以做到优秀的事情做到卓越。

如果你能在做好本职工作之余，替上司处理一些力所能及的事情。

如果你能把一件超乎想象的重任做得恰到好处。

如果在以上内容中，你能做到不止一项“如果”，那么你就能够成为领导眼中为数不多的有责任心、能够担当大任的员工。

阅读思考：

1. 你有没有把责任心融入到你的工作标准里？
2. 你是个有责任心的人吗？
3. 工作中，你有没有履行自己的职责和义务？

2.对工作负责，才能进入用心的状态

一个人的责任心如何，决定着他在工作中的态度，决定着其工作的好坏和成败。如果一个人没有责任心，即使他有再大的能耐，也不一定能做出好成绩。有了责任心，才会认真地思考，勤奋地工作，细致踏实，实事求是；才会按时、按质、按量完成任务，圆满解决问题；才能主动处理好分内与分外的相关工作，从事业出发，以工作为重，有人监督与无人监督都能主动承担责任而不推卸责任。就一家单位来说，不论你是一名默默无闻的普通员工，还是大权在握的领导者，都应有责任心，凡事尽心尽力，以主人翁的身份和态度积极投身到单位建设中去，在单位发展中寻找自己的永恒。

拥有责任心的人在工作中会这样做：

①有责任心的人不只看到本职工作以内的事情，会对上下游的工作也有一定的关注，会想着结合自身岗位的工作体会，让上游工作做得更快、更好，也会把自身岗位工作做得更完美，给下游工作提供便利。

②绝不姑息、推诿：有责任心的人把单位利益当做个人利益，绝对不会容忍伤害单位利益的行为和事件出现，一旦发现，必定勇于揭发绝不姑息，对于自己的过失而造成的后果也绝不推诿，一定会勇于承担责任；当然，搬弄是非、拉帮结派也不会出现在他的身上。

③严格自觉遵守道德义务：根据不同的岗位有不同的义务，如：业务人员怎样做到对客户的诚实守信；生产人员，怎样保证绝不以次充好、不浪费单位的资源；行政人员管理的公平公正；财务人员的公私分明等。每个不同角色都有其核心的工作道德义务。

方立松应聘进入华正集团工作，被分配到集团办公室人资部做事。他对待工作尽职尽责，做什么事情都很有责任心。

集团办公室下设人资部、总务部、宣传部等，几个部门都在一间大的办公室办公，办公室主任也与他们在一起办公。所有人的工作常常是分工不分家。

方立松刚到华正集团没几天，有一天中午，他吃完饭就回到办公室，靠在办公桌上午睡。突然打字员小刘桌上的电话响了，方立松见其他人还没回来，便走过去接电话。原来是董事长打来的，他找打字员打一份材料。打字员中午和几个同事一起出去吃饭了，吃饭时间可能比较长。于是方立松说："打字员出去吃饭了，可能还要半个小时才回来。"董事长便挂了电话。

方立松为自己接了一个董事长打来的电话而感到高兴。可是当方立松坐下来准备继续午睡时，他感觉不妥，因为董事长有一份材料急着要打印，而他刚才回的电话，对董事长而言没有任何帮助。方立松想既然我接了电话，知道董事长有一份材料要打，为什么不去找打字员呢？可是到哪里去找呢？即使把她找回来了也过了半小时了，自己也会使用电脑，为什么自己不能为董事长打印呢？

于是方立松赶紧到董事长办公室，找到秘书，说明来意。秘书说："太好了，董事长与客人都等着这份打印材料，到现在还没有吃饭，那就麻烦你了，打好、校对好，然后复印四份。"于是方立松赶紧回到办公室忙开了。等打字员回来时，方立松已经把这份材料递交给了董事长。董事长便认识方立松了。

过了一段时间，一天上午，宣传部办公桌上的电话响了起来，宣传部的三位同志都外出了。于是方立松又过去接电话，又是董事长打来的，董事长说："叫编辑部小霍接电话！"方立松马上说："他今天到一线连锁店采访去了！"接着方立松脑袋里一闪，心想我总不至于要董事长自己翻电话簿联系小霍吧。于是方立松立即补充一句："我马上联系他，请他给您回电话。"董事长说："我找他是有急事，来不及了，不过换别人也行。"于是方立松又问了一句："董事长有什么急事呢？"董事长说："接待处的小董马上要到市里去办事，要写一份公文……"于是方立松赶紧说："我来写吧。"董事长回答说："好，那就交给你了。"方立松放下电话，马上找到小董了解情况后，半小时写好交给了她。

通过第二件事，董事长对方立松加深了印象。方立松有时见到董事长会问声好，董事长则会微笑地回应。一个周六，办公室主任到市里开会去了，办公室的人，要么去招工，要么去听课，只剩下方立松在办公室。突然主任办公桌上的电话响了起来。方立松接起电话，一听又是董事长打来的，董事长问："又是你第一个接电话啊！主任在吗？"方立松说："主任去市里开会了，董事长有什么事吗？”董事长说：“我在市工商联，再过半小时市工商联领导一行会到我们公司参观……”方立松马上说：“那我去安排一下，请董事长放心吧！”

于是方立松马上通知清洁工把参观沿途的卫生打扫一遍，让总台小姐把欢迎牌拿出去放好，让仓库准备好礼品，联系后勤买些水果，在会议室摆放好……半小时后参观团来了，一切都井然有序，这让参观团所有成员感觉很满意。

半年后，集团办公室要提拔一名副主任，董事长点名让方立松来干。在新的工作岗位上，方立松比以前干得更认真、更负责。

方立松就是一个很有责任心的人。他不但做好自己的工作，而且还经常能做好职责之外的事情。**身在职场，我们要把单位里的事都当成自己的事。身边的事，看得到的事，做得到的事，能做好的事，当事人不在，你就是当事人。不是没事找事，而是责任心会驱使你这么做。哪怕最后没做好，也会得到别人的理解。**

我们在单位里，常听到有人接到领导打来的找人电话时习惯地说“他不在”、“他外出了”、“他还没有回来”、“不清楚”、“不知道”诸如此类的话，这看似接了电话，回答了问题，其实等于什么都没说什么都没做。要记住，别对领导说诸如此类的“不”。当领导给出的只是一个命令或吩咐，怎么琢磨，怎么做，那就是你自己的事情。你如果只需要一个命令与吩咐，就能够做好事情，解决问题，那便是脱颖而出的机会，便是能力素质的展示，更是体现你是否有责任心，是否把单位的事当成自己的事来做。

如果说智慧和能力像金子一样珍贵，那么勇于负责的精神则更为可贵。那种既有能力又有责任心的人，是每一个单位都渴求的理想人才。现实情况表明，任何一家单位都愿意信任一个能力一般但有较强责任心的人，而不愿重用一个能力很强但缺乏责任心的人。即使一个人的能力很强，如果缺乏责任心，其能力也就失去了用武之地。对于有责任心而能力稍差的人，单位也会乐意给他们提供培训机会，提高他们的技能，因为这种员工是值得单位信赖和培养的。

细心一点的人应该不难发现，现在各行各业广纳贤才时，条件上都会注明“必须有责任心”。可想而知，责任心对于每个人来说有多重要。没有了责任心将会失去单位对你的信任，将会失去爱人对你的信任，甚至会失去亲人、朋友对你的信任。所以，要想在工作中做出成绩，要想拥有美好生活，必须要学会承担责任。

认真地对待工作，百分之百地投入工作，从来不投机取巧，也不要耍小聪明。工作就意味着责任，岗位就意味着任务。在这个世界上，没有不需承担责任的工作，也没有不需要完成任务的岗位。工作的底线就是尽职尽责，坚守岗位，完成任务，这很重要。如果一个人，无论是在卑微的岗位上，还是在重要的职位上，都能秉承一种用心负责的精神，一种服从、诚实的态度，并表现出完美的执行能力。这样的人一定是单位选人的最佳选择，也是领导用人的最优选择。

具有责任心的员工，是勇于把单位的利益视为自己的利益的，会因为自己的所作所为影响到单位的利益而感到不安，处处为单位着想，为单位留住忠诚的顾客，让单位有稳定的顾客群；具有责任心的员工，不会推卸责任，也不会因为一次过失造成不良后果而气馁，而不敢承担责任。这样的人在领导眼里是一个可靠的、可以委以重任的人，也许会因为过失造成不良后果而进行处罚，但一旦条件成熟，一有好机会领导依然会留给有责任心的员工。

阅读思考：

1. 你对工作极度负责吗？
2. 在工作中，你承担了哪些责任？
3. 在任何岗位中，你都能完全负起责任来吗？

3.负责大境界,担当最辉煌

英国前首相丘吉尔曾说:“人生所有的履历都必须排在勇于负责的精神之后。”责任胜于能力,并不是对能力的否定。一个有能力却缺乏责任心的人,对单位而言就像是定时炸弹,因为责任心的缺失会使一个人无法负起安全责任,甚至会酿成大祸。

一个有着强烈责任心而能力平平的人,会因为其责任感而具有最佳的精神状态,精力旺盛地投入工作,并将自己的潜能发挥到极致。

如果领导把任务交给你,你应该感到骄傲,因为你有能力承担责任,而其他人没有。如果领导让你承担十分重大的责任,你应该感到自豪,因为承担多大的责任,就有多大的成就。如果你看责任的正面,也许只看到压力重重,但如果你看责任的背后,就会看到机会多多,要知道一个人承担的责任越大,获得的成就也就越大。

承担多大责任,就有多大的成功,一个人应该经常自问:“我还能承担什么责任？”多想想除了做好手头的工作，还能够为单位做什么？哪怕每天多做一点点儿，工作也会有变化，“不可能”完成的工作也可能完成。一个人承担的责任越大，他的价值就越大。

负责的概念是比较模糊的，负责的范围也是比较模糊的。面对同样的工作，有的人会多做一些，有的人则能偷懒就偷懒。敢于承担责任，任劳任怨是一种高尚的人格，敢于负责则需要很大勇气。尤其是对安全问题负责，安全问题往往非常细碎，有着各种不确定因素，随时可能发生变化。遇事推诿，不承担责任，是一种低俗人格的表现。所以说，负责也是一种人格力量。在责任心的天平上，最能称量出一个人的人格品质。

美国大作家爱默生说：责任具有至高无上的价值，它是一种伟大的品格，在所有价值中它处于最高的位置。人生中只有一种追求，一种至高无上的追求，那就是对责任的追求。

1960年10月17日，杰克·韦尔奇开始了在通用电气公司的职业生涯。他的第一项任务是找到一个制造PPO(一种用于化工的新材料)的示范场地，然后把工厂建立起来。在皮茨菲尔德的一座破败的楼房里，他与另外一名化学专家为了建立这座工厂，花费了许多心血和精力。

一年之后，这个工厂终于建立起来，韦尔奇得到了很高的年度评语。但是，让他失望的是，通用电气公司只按照标准给他加薪1000美元。因为无论表现得好与坏，每个人都获得了同样的加薪。在这一刻，韦尔奇感到这个公司的官僚主义是如此严重，体制是如此僵化，和他以前想象的完全不同。于是，他准备辞职，去伊利诺斯州国际矿物化学公司工作。

当时，作为部门负责人的鲁本·古托夫听到韦尔奇即将离职的消息非常震惊，他决心不惜一切代价留住这位与众不同的年轻人。于是，他在韦尔奇告别宴会的前一天，邀请韦尔奇夫妇共进晚餐。在就餐之际，古托夫对韦尔奇展开4个小时的说服攻势。他保证，他将使韦尔奇不受官僚作风的纠缠，并将利用大公司的资源为韦尔奇创立一个小公司的工作环境。古托夫说："相信我，只要我在公司一天，你就能利用大公司最好的部分进行工作，最差的一部分将离你远远的。"

第二天，韦尔奇终于做出了肯定的答复。韦尔奇说："虽然公司的实际情况令我有所不满，但我有责任把自己的工作做好。我愿意承担我应该承担的责任。"多年以后，鲁本·古托夫回忆说，我今生最成功的推销就是留住了韦尔奇，因为留住了韦尔奇，才留住了通用今天的辉煌。当然这只是表面现象，实际上，鲁本·古托夫更大的功劳是留住了一种用人机制。古托夫为韦尔奇创造了这种环境，韦尔奇又为更多的人创造了这种环境。

随后韦尔奇成了PPO工艺开发项目领导人，虽然这种材料看上去不怎么起眼，但是它很难塑造成型，所以市场不为人看好。但韦尔奇坚持了下去，终于制成了一种在高温下具有很高的强度，并且容易塑造的材料。这种塑料制品的商业名称叫"诺瑞尔"。

1965年，通用公司根据韦尔奇的建议，决定投资1000万美元，建立一座"诺瑞尔"加工厂，但是"诺瑞尔"的市场如何，谁都无法预料。于是，在没人出头的情况下，韦尔奇毛遂自荐，成为这个工厂的负责人。

韦尔奇非常清楚，这将是一场艰苦的战斗，但他对“诺瑞尔”充满了自信，当时所有的家用器具都是用金属制造的，用塑料代替金属能使产品变得既廉价又轻便，这将产生一次革命。为了保险起见，韦尔奇推销的第一站就是通用的内部产业，但他们都对这个大胆的提法将信将疑。

于是韦尔奇在他的工厂里用“诺瑞尔”制造出了电动罐头起子。他拿出起子向人们展示，让人们相信，塑料的用途远比人们想象的要多，甚至可以制造汽车车身和计算机外壳等。1968年，因为推销“诺瑞尔”的成功，韦尔奇成为聚碳酸胺脂和“诺瑞尔”两种塑料制品部门的领导人，成为通用电气公司最年轻的一位部门总经理。

为了让自己的塑料事业走向成功，为了改变人们对塑料的认识，韦尔奇用尽了各种办法，他首先让那些婴儿奶瓶、汽车、小器具用品的制造商们了解，利用塑料来制造这些东西，不但便宜、轻巧，而且更加耐用。然后他别出心裁，用一则巧妙的广告来推销自己的产品：一头野牛冲进了一家瓷器用品店，结果店里所有的东西都摔得粉碎，只有塑料制品完好无损。这个广告获得了空前的成功，聚碳酸胺脂的使用终于引发了制造业的材料革命，美国消费者对这种比金属和玻璃优点更多的材料十分青睐，它成了世界上最为重要的塑料。韦尔奇负责的塑料企业首次升格为一个部级企业。

这次成功为韦尔奇的事业奠定了根基。1981年4月，他成为了通用电气历史上最年轻的董事长和CEO。

强烈的事业心必须要有强烈的责任心做支撑，员工要有敢于承担责任的意识，为自己的决策和行为负责。每个员工的职责范围仅仅是最低的工作要求。如果员工有很强的事业心，就应该明白不能局限于做职责范围内的事，而应时刻想方设法增加自己的知识，并努力为组织作出更大的贡献。只有肩负更大的责任，才能有更多迎接新挑战的机会，也才能使自身不断成长与发展。

责任心是一种习惯性行为，也是一种很重要的素质，是成为一个优秀的人所必需的。责任心对于一个人来说是极其重要的。敢于负责的人，人生的境界与别人大不相同；敢于担当的人，事业的辉煌别人不能与之相提并论。这就是负责大境界，担当最辉煌。

阅读思考：

1. 你承担了多大的责任？
2. 你是个有担当的人吗？
3. 工作中，哪些事情你必须负全责？

4.拥有一流的责任心，才能做出一流的成绩

责任心决定一个人的工作质量。同样的设备，同样的管理，同样的人员配置，工作结果却存在很大差距，其关键就在于责任心有差异。

梁启超曾说过：“凡属我应该做的事，而且力量能够做到的，我对于这件事便有了责任，凡属于我自己打主意要做的一件事，便是现在的自己和将来的自己立了一种契约，便是自己对于自己加一层责任。”

一个人拥有责任心的多少，决定了事业的成功与否，事业有成者无论做什么，都力求尽心尽责，丝毫不会放松；成功者无论做什么职业，都不会轻率疏忽。总之一句话，拥有一流的责任心，才能做出一流的成绩。这句话，任何一个人去做都能得到验证。

1992年大学毕业后，潘刚分配到回民奶食品厂（伊利集团前身）车间当工人，天天与牛奶打交道，实习结束后，又到质检

部当质检员，给酸奶、牛奶、雪糕、冰淇淋、奶粉做质检化验。潘刚把这份工作干得很用心，当时他的想法是这样的：自己没有什么背景，只有通过努力工作，才可能有机会得到发展，同时也希望企业好，企业好了肯定会给自己的才能提供更好的发展平台。

不久后，他就被公司任命为质检部长。

1993年7月，伊利公司安排潘刚去筹建一个冷冻公司。这个冷冻公司的办公地址离市里很远，当时不少人都不愿意去冷冻公司工作，因为大家都普遍不看好这个项目。有些人也劝潘刚说："你不要去了，你在质检部工作很稳定，而且工资也涨上来了，比以前好很多了，不要去冒险。"但是潘刚不为所动，他说："我要去，要去尝试，这是个难得的挑战。我希望通过让自己承担更大的责任，逼迫自己有更好的提升。"

他主动去承担风险，主动去承担责任，积极去争取这次锻炼的机会，同时他也要求自己认真负责地做好每一件事。

冷冻公司成立后，在潘刚的带领下，公司业务做得很好。

后来，伊利公司又安排潘刚去负责筹建一个矿泉水饮料公司，因为当时伊利公司看到矿泉水的市场在1996年发展得比较好，伊利当时投资比较小，投资了200多万，也就是收购了呼和浩特市自来水总公司下面的一个小自来水公司。

这对潘刚来说又是一个全方位的锻炼。潘刚要去筹备这个新公司，同时他兼任董事长、总经理，包括营销、生产、技术所有事务都是他一个人全面去负责，全面去管，在这个过程中他积累了很多丰富的企业管理经验。

后来，他回顾自己的工作，感叹地说："这么多年，我感觉到我走到今天也没有什么特殊的，就是每一件事情都认真负责、努力积极地去做好，踏踏实实的走好每一步路，做好每一件事。"

1999年底伊利确定实行事业部制，潘刚就任液态奶事业部总经理。2002年，32岁的潘刚升任伊利集团总裁。2005年6月20日，潘刚当选董事长。

潘刚一直以来就把公司的事当成自己的事来做，时刻不忘规划公司未来的发展，他常笑言：在我眼里只有两种人，一种是喝牛奶的人，一种是不喝牛奶的人。我要把这两种人变成一种人，喝牛奶的人。

责任心出勇气、出智慧、出力量。有了责任心，再危险的工作也能减少风险；没有责任心，再安全的岗位也会出现险情。责任心强，再大的困难也可以克服；责任心差，很小的问题也可能酿成大祸。

拥有一流责任心的员工，会具备以下特征：

①为成功完成工作而保持高度热情和付出额外努力。

②自愿做一些本不属于自己职责范围内的工作。

③助人与合作。

④遵守组织的规定和程序。

⑤赞同、支持和维护组织的目标。

阅读思考:

1. 你具备一流的责任心吗?

2. 你的责任心都体现在哪里?

3. 在做什么事时,你没有责任心?

第四章

用专注心去工作

1.认真细心，才能专注一心

2.持之以恒，专注用心

3.精心做准备，全心去投入

4.专心致志，才能精益求精

什么是专注心？专注心就是集中精力、全神贯注、专心致志的心理状态。一个具有专注心的人，往往能够把自己的时间、精力和智慧凝聚到所要干的事情上，从而最大限度地发挥积极性、主动性和创造性，努力实现自己的目标。

很多人问我为什么能成功，其实最基本的就是要全心投入，专心专注。唯有如此才能体悟到工作的乐趣，才能克服浮躁、忘记艰辛和烦恼。这时候工作带给你的不仅是业绩的回报，还有智慧的灵感和潜能的迸发。人生多由挫折和困顿构成，而工作蕴含着一种改变的力量，它能帮助你战胜挫折，克服困难，给人生带来喜悦和希望。

——台湾经营之神王永庆

1.认真细心，才能专注一心

要想工作专注，就要认真细心，全身心投入。西汉大儒董仲舒说：目不能二视，耳不能二听，手不能二事，是为专注、专心。德国哲人尼采说：始终全神贯注的人可免于一切困窘。

做一切事情成功的关键，就是要有专注心。认真、细心，才能专注一心。

我们经常可以看到有些人经常处在浮躁、涣散的状态之下，注意力像万花筒一样忽明忽暗到处乱转。做事不认真，工作不专心，如何能出色地完成任务？又如何能成功？

我们所谓的累，大部分不是身体累，而是心累，不认真、不细心，没有专注一心，一分心就会感到累。心累，反过来急剧地加重了身体的累。

所以说，拥有专注心不仅是做事情成功的关键，也是健康心灵的一个特质。

很多时候大多数人花了一个小时当中的58分钟来思考过

去及预测未来，而只用2分钟的时间来专注于当下的工作。在单位里，那些思想飘荡、不在乎结果的员工是绝对没有生存空间的。

注意力转移的原因很多，外部因素可能是环境太杂乱，内部因素是你本身分散了注意力，失去了工作兴趣或是由于你的精力、体力衰弱而引起。

如何才能在工作的时候专注一心？以下的建议值得借鉴：

①不被其他事物吸引

要想在工作习惯上有所突破，先要考虑的是："我想做什么事？"或是："我想成为什么样的员工？"有了这种强烈的目的意识，你才会集中精力，并调动过去积累的知识和经验，在有意或无意中使你所关注的事情有所突破。

工作环境很重要，要排除那些妨碍集中思想的客观刺激源。比如说当精神高度集中于某一主题时，突然从旁边传来了收音机或电视机的声音，这样注意力当然就很难集中了。

②预先定好工作期限

做某件事情时要在心中为自己设定一个截止日期。"什么时候都行"就等于"什么时候都完不成"。因此只有将自己完全投入到工作中去，引起一种精神上的兴奋，才可以增加专注的动力。

③饶有兴趣地开始你的工作

兴趣、爱好是一种天然的专注动力，它能使人勤奋，使人坚持不懈地从事某种工作。人们在从事自己所喜爱的事情时，总是感到有一种莫名的兴奋感和满足感。即使是一些有压力的日常的机械重复工作，对于一个对工作感兴趣的员工来说也是一种宽慰和快乐。

当你集中精力、专注于眼前的工作时，你会发现你的精力是如此充沛，可最高效地优先完成手中的工作。

④不要陷入“视野狭隘”

有时，尽管你非常专注眼前的工作，但工作还是无法做好，这就是所谓的“视野狭隘”心理。也就是俗语所说的：眼光很有神，但是看走眼了；脚步很急骤，但是跑偏路了。

一位生物学家本来要研究蝗虫如何生存的课题。但拿到蝗虫的标本后，生物学家竟然对蝗虫的脚关节产生了浓厚的兴趣，便不可思议地投入到蝗虫脚关节的研究中，脑中再也容不下其他的问题。结果，不知不觉中忘了刚开始想要研究的蝗虫如何生存的课题。

人越投入在某件事情上越容易陷入其中，而无法看清楚其他事情。为了避免陷入这种“视野狭隘”，必须暂时离开工作的现场，从第三者的立场客观地反省目前的工作。

一个人有了专注心，就能专注做事，人一旦专注做事就能认真、细心。人如果没有专注心，不但大事做不好，而且连小事也会做不好。

林先生在一家大型零售业集团担任集团办公室主任，这是一家很有名气的家族企业，不过现在所有家族成员已经离开了经营第一线，新聘用了一位著名的职业经理人来担任集团的总裁。这位总裁是该集团第一位被任命要职的非家族成员，所承受的压力自然可想而知。因此，他对下属非常严格，甚至给人“鸡蛋里面挑骨头”的感觉。不过，林先生觉得自己在公司待的时间长了，还是有能力驾轻就熟，应付新总裁的各种要求的。

一次，新总裁要求林先生为即将召开的董事会准备一些报告材料，为一个即将实施的大计划向董事会申请批准实施。林先生迅速整理了从各部门呈上来的报表，工作很快就完成了。但是当林先生把材料交上去之后，新总裁只说了一句话："不用心，不细心。"林先生觉得很委屈，他告诉新总裁，为了这份材料，他已经很久没有按时吃晚饭了。新总裁叹了一口气说："请你再看一看这些材料，问问自己对这些材料满意吗？如果连你自己都不满意，那么就说明了你没有用心去工作。"

林先生仔细翻看了自己呈交的材料，发现里面确实有不少漏洞，事例和数据说明也不够充分，这样的材料如果提交到董事会上，很可能会被枪毙，那么新总裁这段时间以来率领大家精心筹备的大计划就会因得不到资金支持而流产。其实林先生是公司的老员工了，只要立场客观，不用新总裁提醒，他自己就能看出问题来。既然如此，他不得不承认原来自己是在装糊涂，按他的能力，做出来的材料绝不应该是这个水平。他确实没有用心去工作，不管他因此而耽误了多少顿晚饭。

圣人有言，天下大事，必作于细。是的，能把简单的事满怀激情做好，对待小事认真做，把平凡的事做精彩，这是对朴素价值观的坚守，是人生的一种宝贵财富。现在能够满怀激情去做好小事的人，将来更容易走上重要岗位去做大事。

23岁的李芹珍，是武汉科技学院艺术设计专业大四学生，还没有毕业，她就被浙江某玻璃制品贸易公司录用了。

可是当她报到时，她发现董事长对她很冷淡，原来董事长并没有同意招一个专职平面设计的员工，是总经理觉得设计部门应该招入这样的专职人员，独自拍板录用了她。

入职几天后，一家加拿大公司的贸易代表来公司考察，两家公司事先有700万元的玻璃水杯出口订单，但没有签定合同，因为水杯上没有任何装饰色彩和图案，加拿大公司不满意。于是董事长尝试性地把设计任务交给了李芹珍。

李芹珍知道这个任务的份量，她感觉到似乎有千斤重担压着自己，喘不过气来。

但李芹珍有股犟劲，什么事都不愿落在人后。为了证明自己，她的犟劲又上来了。她说："如果和别人一起做事，我一定要比其他人干得好，这样吃饭也会香一些。"大二时，李芹珍的美术天赋开始显现。那时候她给人做装饰画，一幅画挣30块钱。半年后她在书画市场看到自己的作品，标价已经超过了3000元。她心里埋怨雇主"黑心"，但她也感觉到了自己的价值，觉得自己要是专心做事，不会比别人差。

李芹珍于是静下心来做准备了，她决定先从外围入手。她先到公司资料室，看公司创立时的历史，了解公司一步一步发展的经历，看到公司一步一步稳健发展，她似乎悟到了公司能持续发展的原因，公司的企业文化不知不觉中融进了她的血液里。

看累了，她就下车间看每一道生产工序，看工人是如何生产的；又到营销部，找销售员了解什么样的杯子好销，这个订单是如何签到的；再到开发部看师傅们设计。这样一天过去了，她还是没有眉目，晚上她依然沉浸在如何给杯子设计色彩之中。她上网查看各种杯子的生产历史、造型、图案。渐渐地，她仿佛生活在杯子的世界里，连晚上睡觉时，她满脑子还是杯子。

两天过去了，她仍然没有动笔。第三天时，她上网查加拿大当地的风土人情、审美趣味、文化艺术、广告设计，搜集资料，慢慢揣摩，她渐渐有了一点灵感。接着她开始摸索使用电脑设计软件，开始了最初的设计。当一些草图出来后，她又感觉到还欠缺一点什么。

她想自己不能做成完全与加拿大当地风俗一致的样品，否则，他们为什么不在本国找厂家，而要从中国订货？中国是一个文明古国，历史文化博大精深，中国的文化艺术很受西方青睐，所以，应该融入中国元素。就这样，她又参考了中国的传统服饰、徽派建筑特色、奥运设计等，设计出了一些中西结合的样品。

就这样，整整一个星期，李芹珍每天工作时间至少18个小时，她是全天候都在完成这一件事，她累得脚都水肿了，屁股都坐麻了，眼睛都疼了。最后总算从设计的几百幅作品中挑选了5款水杯图案。寄到加拿大后，客户看到她设计的样品非常满意，最后敲定了700万元的订单，之后又追加到了1000万元。

这次任务的完成，让董事长对这个小女生刮目相看。认为她是个人才，直接就把她提升为企划总监，负责公司的设计工作。董事长还告诉她，以后她也可以拿年薪了。

她的很多师姐、师妹都很羡慕她运气好，母校也请她介绍经验。她说，大学毕业生刚走上工作岗位，不被人信任是很常见的，这时候最重要的就是自己的心态。做任何事都要专心。每个人心中都有理想与目标，但更重要的是要用成绩来证明自己。你要问你能给公司做什么，你能给公司创造多大的利润。老板是最实在的，公司是靠利润生存与发展的，你的价值越大，你的利用价值也越大，你的晋级、加薪机会也越大，要变你求老板为老板求你。

我们要学会：简单的事细心做，繁琐的事静心做，复杂的事潜心做。

我们如何才能成为一个做事认真细心、专心专注的人呢？那就要用心去做事。所谓"用心"，主要包括两个方面的含义，一是要有认真负责、细心做事、努力进取的工作态度；二是要有悟性，即要据势应变、创新高效地完成工作，不断追求卓越。注意做事方法和细节：养成每天总结当天工作的好习惯，同时列表安排好明天需要做的工作；当天的工作一定要当天做完，不能拖到明天做；告诫自己不在工作中犯同样的错误。所谓"预则谋，不预则废"，讲的就是这个道理。良好的工作方法，通常保持21天以上就会成为一个好的习惯。

作为组织中的一员，做任何事情都需要认真细心、专注专心去做，不能有丝毫马虎，不能粗心大意。只有每个人把自身的工作做好，做到位，才能全面提高整个组织的工作效率。

阅读思考：

1. 工作中，你足够认真吗？
2. 工作中，你足够细心吗？
3. 工作中，你足够专心吗？

2.持之以恒，专注用心

订一个长远的工作目标，然后分解成一系列连续的你有能力逐步实现的小目标，你就不会总是半途而废，草草了事，而会变得持之以恒，专注用心，并且有力量和信心不断完善自我，取得让人刮目相看的成绩。

只工作了八天，宋志伟就向主管康琳提出辞呈。主管康琳是一名女性，在这个行业中的资历相当深，每天做重复的工作，却乐此不疲，让宋志伟不解。

宋志伟是这样向主管解释他辞职的原因："刚开始，我以为我对这份工作很有兴趣。上了八天班后，我才发现我对这份工作根本就没有兴趣。"

"我该恭喜你，至少你才做了八天，就发现你对这个工作不感兴趣。"主管康琳感触万千地看着宋志伟，有点失望，但不忍心责怪。

八天前，宋志伟来应聘的时候，兴致勃勃地表现出对这个行业的热爱，一副“不入此行，终身遗憾”的豪情壮志，康琳因此格外看好他。

缺乏经验，没有关系。热忱，才是年轻人最大的资产。基于这个理由，康琳很快说服自己，也说服了高层主管。没有想到，三分钟热度的遗憾，竟发生在宋志伟的身上。该怪自己看走眼，还是要怪年轻人太莽撞？

“说真的，我很想知道，你在这种工作上熬了多久？”临走前，宋志伟诚恳地问。

“八年。”主管康琳斩钉截铁地说，如同内心对自己的肯定。“我做这个工作，做了八年。而且越做越觉得有趣。”

“我做不到八天，就觉得无聊死了。”宋志伟坦白承认。

“我不清楚你的状况，到底是因为判断错误入错了行，还是碰到少许挫折之后就退缩？不过，如果你真的觉得这个工作不适合你，我真心地恭喜你，没有在这里浪费太多时间。有些人，做了半辈子，结果一事无成，才发现：原来，自己从来没有喜欢过这个工作。就像有些人，结婚几十年，才发现从来没有真正爱过对方，这种感觉很可怕。”主管康琳说。

听了主管康琳理性与感性兼具的回应，宋志伟有些感动，于是他打开心扉，诚恳地向主管康琳请教，“难道八年来，你从来没有动过放弃的念头？”

“说真的，没有。”主管康琳回顾既往，以十分感怀的语气说，“我跌倒过，痛过，也疲倦过，但是从来没有放弃过。越是这样，我越发现自己真的很爱这个工作。拿爱情打比方，当你喜欢一个人的优点，也喜欢对方的缺点，才能爱得比较久。”

“也许，我熬过这八天，就会熬到八年。”宋志伟说。

“可惜，你熬不过这八天。”主管康琳说完这句话就送宋志伟离开了办公室。

从八天到八年，是一段遥远的路。从开始的自知之明，到最后的坚持到底，需要的不只是热忱，还有持之以恒、全心投入的努力和接受挫折的勇气。

也有很多人问：“怎么样才会知道自己真正的兴趣？”事实上唯有多做、多尝试，才能发现自己到底适合什么。不过，话说回来，有些兴趣是天生的，有些兴趣是培养出来的。

天生的兴趣，几乎不必别人指点，就会很明显地表现出来。而靠后天培养的兴趣，则需要时间与耐性。

兴冲冲找到一份工作，最好至少做满一年，不要轻易放弃。除非，那个环境差到令人待不下去，不得已之下才离开。

就算是很无奈也必须提早离职，你必须学到教训，了解自己为什么那么快就想离开。当初哪些地方没有考虑清楚、没有问清楚，就随便答应要来上班。彻底检讨原因，不要再重蹈覆辙。否则，不停地换工作，将来履历表上的记录很不好看，每个新单位想录用你时，都会有顾虑。

所谓的“三分钟热度”，常发生在过度天真的人身上。他们往往只看表面，不重实质；或只贪图好处，不接受缺点。

比尔•盖茨曾经说过一句名言：“做自己最擅长的事。”一个人能够及早发现自己真正感兴趣的事，并且将兴趣培养成为专长，是一种挥洒自我到淋漓尽致的人生幸福。

而这种幸福，只会属于勇于尝试、持之以恒、专注用心、不轻言放弃的人！

不要轻言放弃，坚持就能成功。抱定任何时候都不放弃的信念，即使在一片懊悔或叹息、宽容或指责的氛围中也要坚持。是的，任何时候都不要放弃，无论条件多么困难，只要能坚持到底，成功就一定属于你。

给自己一个希望：不论你遇到了多么揪心的挫折，都应当以坚持不懈的信心和毅力，感动自己，感动他人，把自己锤炼成一个做大事的人。

今天的马云被誉为中国电子商务的“教父”，也被称作新商业文明的布道者。面对头上的光环，他并不在意，也不以英雄自居，他觉得自己很平凡。从他的人生经历中，的确可以为他贴上“平凡”的标记。

比别人多勤奋一点

在读中学时，他听地理老师说，英语将改变很多人的生活，学好它有很多益处。上完那节地理课后，一回家，马云就花6毛多钱，买了个收音机，每天听英文广播，持之以恒，坚持不懈。那一年，马云刚满12岁。

一有机会马云就在街上逮着外国人开练英语。马云的英语口语就这样一天天流利起来。慢慢地，马云的英语口语让所有的师生大跌眼镜，有时候连老外都以为他是从美国回来的归国小华侨。

13岁时，他就能给老外当导游，用自行车带着老外满大街跑。仅此，便足以羡煞许多同龄人。

后来，他创办了中国黄页网。创办初期，资金是最大的问题。

由于开支大，业务又少，最凄惨的时候，公司银行账户上只有200元现金。营业额几乎为零。为了跑业务，他坐公交跑遍了当时所有的国家部委。在当时的国家体委，为了见到管宣传的领导，他跑了10次才见到。就是这样，马云以他不屈不挠、持之以恒、专注专心的精神，克服了种种困难，把营业额从零元做到了几百万元。

即使在创办阿里巴巴之初，他仍坚持每天工作13～18个小时。一位《纽约时报》的记者评论说："马云干的活，是互联网中最苦最累的活。挨家挨户来回奔跑，没有浙江商人的勤奋、执著和吃苦精神，是不可能做到的。要知道，这些年，所谓的诸多购物网站只有马云的阿里巴巴堪称硕果仅存。这不是没有道理的。"果然如此，靠着比别人多勤奋一点，马云走出了一条成功之路。

比别人多努力一点

1991年，马云和朋友成立海博翻译社。结果第一个月收入只有700元，房租是2000元。

当大家动摇的时候，他一个人背着个大麻袋去义乌，卖小礼品，卖鲜花，卖书，卖衣服，卖手电筒。

两年来，他坚持不懈，通过努力，不仅救活了翻译社，还组织了杭州第一个英语角。如今，海博是杭州最大的翻译社。

后来，马云创立了阿里巴巴。他的创业资金只有50万元，这只不过是像新浪、搜狐、网易这样大型的门户网站一笔小小的广告费而已。创业开始是相当艰难的，每个人工资只有500元，公司的开支一分钱恨不得掰成两半来用。马云外出办事，发扬"出门基本靠走”的精神，很少打的。有一次，马云出去买东西，东西很多，实在没办法了，只好打的。他在马路上向的士招手，来了一辆桑塔纳，他就摆手不坐，一直等到来了一辆夏利，他才坐上去，因为夏利每公里的费用比桑塔纳便宜2元钱。

虽然办公如此节俭，但阿里巴巴还是因为资金的问题，到了几乎维持不下去的地步。

为了得到他人的投资，马云经常到处游说，马云不知打了多少电话，求过多少朋友。但是没人能相信他未来是有希望的。他又一次体会到了创业的艰辛。

在创办阿里巴巴不到七个月的时候，马云多方打听到日本软银集团的老总孙正义要来北京。通过向朋友打听，他得知孙正义所住的宾馆。马云就在门口“蹲守”。当时在等孙正义的还有一个人，但是那个人没能坚持到最后，中途走了。终于，在门口等了近10个小时，马云见到了孙正义。两人见面后，马云将自己的计划、阿里巴巴当时的经营状况，努力地、诚实地说给孙正义听。孙正义被马云感动了，当即决定给马云投资6000万美元用于经营阿里巴巴。

此时，马云的努力才初见成效。阿里巴巴才得以走出那举步维艰的境地。

比别人多努力一点，挽救了阿里巴巴，也救了马云。

比别人多一点梦想

高中时，马云梦想进入大学。首次高考时，他数学只考了1分，但是他仍梦想考上大学。参加三次高考后，他实现了梦想，考进了杭州商学院。

1994年，他在美国西雅图初识互联网，认定互联网是一个拥有美好未来的事业，但是当时回到国内却没有人了解互联网，更没有人知道互联网是做什么的。但他坚信网络市场将成为最大的市场。

“坚持梦想，不放弃”是阿里巴巴成立10年以来的真实写照。马云认为，阿里巴巴能有今天，就是因为持之以恒地把梦想做了10年。

有了梦想，马上就去做！

这些都是他比别人多一点梦想的结果。

很多人都问过马云成功的秘诀是什么，他总会淡然地说："心态决定姿态，从而决定生活状态。世界本来就是不公平的，也没有人是完美的，你的职责是比别人多勤奋一点、多努力一点、多有一点理想。要始终保持专注专心、持之以恒，我就是这么走过来的。"

追求成功是艰难的，需要信念激励，需要意志支撑，需要毅力坚持。或者说，只有坚持才能胜利。在走向成功的征途中，坚持的过程往往就是积累的过程。积累是小步子增加，而不是大步子跨越。世界上很少有一步成功的奇迹，所以需要逐步积累，量变才能引起质变。而且，一步一步地积累，能使人不断获取成就感，不断得到鼓舞与激励，不断获得与困难作斗争的动力，进而坚持不懈地到达成功的彼岸。

所以苹果公司创始人乔布斯说：世界上没有奇迹，只有专注和聚焦的力量。

阅读思考：

1. 工作中，你足够专注吗？

2. 工作中，你有做好事情的恒心吗？

3. 工作中，你能够坚持不懈吗？

3.精心做准备，全心去投入

我们都希望能在工作中做出好的业绩，那么好业绩从哪里来？好业绩来自更高的要求，这个更高的要求就是要做精心的准备。做精心的准备其实就是用专注心工作。事实上落实到行动上，往往来自于精心的准备，每一个细节都考虑到了，自然就能做出好业绩。表演大师卓别林曾说：**完美的演出来自充分的准备**。很多时候，大家都在做同样的事情，自己想到的，别人也想到了，别人做的，自己也在做着。既然你和别人没有任何区别，机会又怎么有理由偏偏属于你？这时候，你如果能够准备得更充分一点，更专注，更用心，那么就会获得别人想象不到的机会。

乔·吉拉德是美国的推销大师，被誉为“世界上最伟大的推销员”。他有很多高明的推销理念和方法，由他独创的“贺卡促销法”就是其中之一，他每个月要发出1.4万多张精美的贺卡。

乔·吉拉德认识到人们的信赖是需要长期培养的。于是他每个月都要给他所有的客户寄贺卡，一月份，他的贺卡上是一幅精美的喜庆图案，并配上“恭贺新禧”之类的祝福语，下面是一个简单的署名：“雪佛兰轿车，乔·吉拉德敬上。”二月份，贺卡上会写：“请您享受快乐的情人节！”下面仍是简短的署名。三月份，是“妇女节快乐”，还有的贺卡写的是：“祝你巴特利库节快乐！”巴特利库节是爱尔兰人的节日。也许收到贺卡的人是波兰人或是捷克人，但这都无关紧要，关键是他不忘向这些潜在的客户表示节日的祝福。接下来的每个月，他都会坚持这样做。一年当中每月都有乔·吉拉德的问候和祝福。他一个月寄出1.4万多张卡片，一年累计就是16.8万多张。

他在建立自己的卡片档案时，记下有关顾客和潜在顾客的所有资料，孩子、嗜好、学历、职务、成就、旅行过的地方、年龄、文化背景及其他任何与客户有关的事情，这些都是有用的推销情报，为他写贺卡、寄贺卡创造了条件。

乔·吉拉德不仅在每个月的重要节日都送上贺卡，而且在客户生日时也会送上真诚的祝福。这样一来，乔·吉拉德每年就至少有12次机会让自己的名字在愉悦的气氛中进入潜在客户的家庭里。

虽然在这些卡片上会花费不少的钱，但也给乔·吉拉德建立了大量的人脉资源，他的真心诚意使每位想要买车的朋友都会和他做生意。或许那些曾经的客户早已经忘记当时购买的车是什么牌子的，但是每月的来信会让他们记得：“哦，这又是那个乔·吉拉德，他曾经卖给我车子，这个人不错，他总能记起我。”

当客户需要你的时候，就是你与客户建立感情、塑造口碑与表现诚意的最佳时刻。遇到偶然的机会或场合，必须要做好应有的礼节，每逢过年过节，例如圣诞节、新年等，最好能寄上贺卡；在客户有特别纪念意义的日子中，例如生日、结婚纪念日等，也应有所表示。客户会轻易离开一个不太熟悉的推销员，却不会轻易抛弃一个亲密的合作伙伴。这样你就为客户建立了一个情感储蓄账户，你通过尽责、真诚、注重服务而建立起客户信任的情感储备。存入的越多，得到的信任越高，积累的关系也就越多。并且要时常地、以富有创造性的方式感谢他们，使他们了解你是很关注和在意他们的。

贺卡成为了乔·吉拉德和客户之间实现心灵沟通的独特载体。乔·吉拉德送贺卡有一个原则，不用已经印好祝福语的现成贺卡，而是要亲笔写上自己的问候和祝福；从不在贺卡中提产品、做推销，除了署名、问候和祝福之外，再没有多余的话，即使是他所推销的产品正在大拍卖，也绝口不提买卖。他真诚得像一个想要交朋友的人，而不是上来就兜售自己商品的小贩。但这种不提产品的推销方式，反而给人们留下了最深刻、最美好的印象，等到他们打算买汽车的时候，往往第一个想到的就是乔·吉拉德。

从乔·吉拉德的故事中，我们可以发现：乔·吉拉德给客户寄送那么多贺卡，其实是在做销售前的准备，他这个准备做得很独特，也很用心。长期寄送精心准备、用心制作的贺卡，客户想忘掉他都难。事实上，人们的信赖确实是需要长期培养的。服务是一个过程，其实增进客户感情的方式有很多，关键的一点就是要融入自己的情感，要全身心地投入，用心做好每一件小事，让客户感受到自己时刻在想着他们。正是由于乔·吉拉德用心地工作，用心地对待客户，所以他的收获也是最大的。他的零售业绩打破了吉尼斯世界纪录，至今无人能超越。

阅读思考：

1. 工作前，你做好了精心的准备吗？

2. 你做好了哪些准备？

3. 工作中，你是如何全身心投入的？

4.专心致志，才能精益求精

什么是专心致志？专心致志就是形容仔细思考，集中精神，全神贯注，一点不马虎，把心思全放在一件事上面。工作时，只有专心致志才能精益求精。

你专注于什么，你就得到什么。

在工作和生活中，你要专注于最重要的东西，集中你的主要时间和精力于你最重要的事情上，不要分散精力，不要因小失大。

互联网世界竞争激烈，沧海桑田，变化之快令人咋舌。“网络游戏”、“短信平台”纷纷强势登场，不少人捷足先登，赚得盆满钵满；也有不少人跟风而动，摔得头破血流。而百度公司老总李彦宏说：我只做一件事——搜索。

李彦宏说不少人曾鼓动他向网络游戏、短信等领域涉足，但他并没有这样做。在他眼里，自己的公司，自己的领域还有很深的潜力可以挖掘，自己目前要做的只是将搜索这一个领域不断翻新。

“在今后的若干年，百度也将只在搜索领域发展。”李彦宏如是说。

任何一个人一旦专心致志就会集中精神，全神贯注，会把全部心思都放在一件事上，就不会马虎大意，自然而然就能做到精益求精。反过来说，要想把事情做到精益求精就非专心致志不可。精益求精是一种很高的标准，很高的追求，好了还求更好。工作已经做得非常出色了，却还要追求更加完美，这就是精益求精。专心致志去做自己最擅长的事，更容易把事情做到精益求精。

大学刚毕业的海欣做出了一个让所有人都大吃一惊的决定——在接到几家用人单位的面试通知之后，海欣到几家单位去看了看。回来后，这个学物流专业的女孩子居然选了一个待遇很低的文字录入的工作。这是一家食品公司，工资很低，专业也不对口。好朋友知道海欣的决定之后，摸着她的脑袋，瞪大眼睛问她：“你脑子没进水吧！怎么做了这么一个不明智的决定？”

海欣笑着告诉好朋友，自己看了几家公司之后，发现其他职位的竞争都非常激烈，即使能进入公司，也很容易被淘汰出来。而文字录入的工作虽然报酬低些，可是自己常年上网聊天练出来的飞快的打字速度却比竞争者们有着明显的优势，很容易站稳脚跟。而且，在其他单位实习的时间很长，不像文字录入这个岗位，很快就能转正，可以拿到正式工资，虽然报酬不高，可也为以后的职场之路打下基础。朋友眼看无法说服海欣，叹息着离开了，继续投入求职的大军之中。

海欣很快就适应了自己的工作。当同学们还在天南海北地找工作的时候，海欣已经转正拿到了正式工资。就这样，海欣在这家食品公司里兢兢业业地做着自己的工作。随着时间的推移，海欣在公司里越干越开心。以前的同学有不少工作还没有着落，大家聚在一起唉声叹气的时候，海欣则忙得不亦乐乎。

转眼之间，海欣已经工作了大半年。这时候，公司业务发展越来越大，各个岗位都急需一大批有经验的人员，尤其是急需跟车配送人员。这时候，海欣主动向上司提出来，表示自己愿意跟车配送。上司看了看海欣纤瘦的身材，好心提醒她配送工作是件苦差事。海欣告诉上司，通过和同事们平时的接触，她对配货的技巧比较熟悉。公司新招聘的文字录入人员打字速度越来越快，与其在这个竞争越来越激烈的岗位上竞争，还不如去做一个公司急需而自己又能胜任的工作。做配送工作虽然辛苦，但是自己熟悉业务，完全能够胜任。上司看了看海欣坚定的神情，微笑着点了点头。

第二天，海欣就跟着配货的同事们开着车把货品运到各个商店、KTV和其他娱乐场所。一个月下来，虽然很累很辛苦，可海欣却和客户们建立了深厚的感情。大家都特别喜欢这个为人和气又特别爱笑的女孩，所以海欣配货的商家对公司很少有投诉和不满意的情况。就这样，海欣每天跟着配货车四处奔波，公司上下对这个肯吃苦的小姑娘都刮目相看。

秋去冬来，眼看一年的工作就要结束了。春节前夕，当老板走进办公室的时候，忽然发现有一张办公桌上的贺卡比自己收到的还多。老板好奇地问身边的人，这是谁的办公桌？有人告诉他这张桌子是一个叫海欣的小姑娘的，贺卡都是她的客户送给她的。老板意味深长地看了看海欣的桌子，默默地离开了。几天之后，老板找到了海欣，告诉她自己查看了她负责配送的区域，发现在她配送的区域里，公司的销售量上升得最快，所以想提拔她做销售部的主管。

老板没想到，沉默了一会儿的海欣推掉了做销售主管的任命，而是希望能调到仓储运输部。海欣告诉老板，自己并没有特别的销售能力，学物流专业出身的她更能胜任现在这个工作，帮助公司管理一下仓库，并且善于根据各个商家的需要随时调整配货的种类和数量。在这个能发挥自己专业优势的岗位上，也最能做出成绩来。在得到老板的同意之后，海欣很快就成了仓储运输部门的负责人。到了新的岗位之后，海欣充分发挥自己的专业优势，她详细地搜集了商家们的资料，根据最新的资料制订了一个全新、完善的供货计划。这个计划详细地掌握了客户的需要，为每个商家都制订了一个合理的供货方案，从而大大提高了公司的配货效率。

一年后，海欣因为工作业绩实在是太突出了，被老板直接提拔成了公司的副总经理。当海欣的那些同班同学刚刚在职场站住脚跟的时候，她已经成了职场里的佼佼者。

一个人的时间和精力是有限的。如果你想有所成就，你必须专心致志、集中精力去做。

你一旦努力工作，全神贯注，全力以赴，你会惊奇地发现你能在短时间内完成这么多的事情，而且这些事情都做得很棒。很多人在工作中一事无成，不是因为他们缺乏能力或不够聪明，而是由于他们不专心致志，不能把工作做到精益求精。不专注专心，如何求精致？必须先让自己专心致志起来，然后才能把工作做到精益求精。

阅读思考：

1. 工作中，你能专心致志吗？
2. 工作中，你是否经常走神？
3. 工作中，你是如何做到精益求精的？

第五章

用感恩心去工作

1.用感恩之心取代抱怨之声

2.用感恩的心回报工作

3.常怀感恩之心，常做有益之事

4.心存感恩，才能成就事业

什么是感恩心？感恩心就是带着一颗真诚的心去报答，感谢别人，就是对他人给予的恩惠从内心里表示感谢。

每个人都要拥有一颗感恩的心，事实上一个拥有感恩心的人，不会为自己没有的而斤斤计较，也不会一味索取和使自己的私欲膨胀。拥有感恩心的人，会为自己已有的而感恩，会感谢生活给予自己的一切。这样才会有一个积极的人生观，才会有一种健康的心态。

当我的员工有100名时，我要站在员工前面指挥部属；当员工增加到1000人时，我必须站在员工中间，恳求员工鼎力相助；当员工达到10000人时，我一定要站在员工后面，心存感激。除了心存感激还不够，还必须双手合十，以拜佛般的虔诚之心去感恩。

——日本经营之神松下幸之助

1.用感恩之心取代抱怨之声

看到别人取得成功时，我们会说，他们的运气好；当别人遭遇失败时，我们会说，他们不努力。当自己取得成功时，我们会说这是自己努力的结果；若遭遇失败，我们会自我解嘲说都是环境的错。这就是抱怨之声。

微软公司创始人比尔·盖茨曾说这样一句话：人生是不公平的，习惯去接受它吧。请记住，永远都不要抱怨！

阿里巴巴创始人马云也说过：永不抱怨的人生态度才是第一位的。

万通地产董事长冯仑说得更有哲理：把坏事当好事办，人生就只有快乐，没有抱怨。

在现实生活中，我们经常可以见到一些不停抱怨的人，“真不幸，好职位都让别人抢走了”、“今天真倒霉，被领导骂了一顿”、“太不走运了，客户又要为难我”、“唉，办公室的同事话太多了”……这个世界对他们来说，永远没有快乐的事情，高兴的事被抛在了脑后，不顺心的事却总挂在嘴边。每时每刻，他们都有许多不开心的事，把自己搞得很烦躁，把别人搞得很不安。

有些事情是不可避免的，有些事情是无力改变的，有些事情是无法预测的。能补救的则需要尽力去挽回，无法转变的只能坦然受之。最重要的是，学会感恩，时刻怀有一颗感恩的心，做好目前应该做的事情。学会用感恩之心取代抱怨之声。

几乎在每一个单位里，都有“抱怨族”。**没有人喜欢和一个满腹牢骚，只会抱怨的人相处**。再说，太多的牢骚只能证明你缺乏能力，无法解决问题，才会将一切不顺利归于种种客观因素。**切记，不要因为自己的无能而去责怪别人**。

消除抱怨，关键是转变态度。无论遭遇什么样的环境、面对什么样的问题，都必须学会从自己身上寻找原因，抱怨没有任何意义。细心观察你就会发现，那些沉得住气，抱怨更少，自我反省更深刻的人总是能比其他人更有效地解决问题，而且问题对于这些人来说，不仅不是阻碍和累赘，还是通往成功的基石。

我们发现工作中的抱怨之声不绝于耳，是因为我们已经习惯于抱怨。我们为什么总是在抱怨呢？其实一个重要因素是自身的贪欲，在无形中我们已经成了欲望的奴隶了。许多人想得到更多的东西，却把现在拥有的丢弃了。

化抱怨为感恩，理性拆除“情绪炸弹”。中智德慧职业心理健康中心一份关于职场人抱怨状况的调查结果显示，近九成职场人每天都会发出抱怨。其中，65.7%的人每天抱怨1至5次，13.8%

的人每天抱怨6至10次，4.8%的人每天抱怨20次以上，只有11.2%的人表示自己“从来不抱怨”。抱怨的内容与工作相关的比例最大，感情问题紧随其后，接着是家庭问题。至于抱怨的目的，超过70%的职场人表示自己抱怨主要是为了发泄内心的苦闷，而希望通过抱怨解决问题的比例不到30%。

现实生活中，有些人好像从来就没有过顺心的事或顺利的时候，任何时候你与他在一起，都会听到他不停地抱怨。他们把每一件不顺心、不如意的小事都堆积在心里、挂在嘴上，搞得自己的心态和情绪都很糟。在这样一种状态下，自己很烦躁，别人也很厌烦。

一家公司要进行人事调动，经理刘昭对年轻的吴涛说：“你把手头的工作安排一下，到销售部去报到，我觉得那里更适合你，你有什么意见吗？”吴涛嘴巴动了动，心想：“我有意见有什么用，你是经理，还不是你说了算？”不过他并没有将这样的话说出来，而是默默地离开了。

当时销售部的工作也不太好做，吴涛心里想：“这一次把我调到最糟的销售部，一定是刘昭在搞鬼，见我这边工作出色嫉妒我，怕我抢了他的位置。哼，我们以后走着瞧！”到了销售部后，吴涛整天板着脸，对所有新同事总是爱理不理，工作也不热心。慢慢的，同事们逐渐疏远他了。

有一次，一个重要的客户打电话来，吴涛接的电话，客户让他转告刘昭，让刘昭第二天到客户那里参加一个洽谈会，因为关系到一笔大业务，所以要求刘昭第二天必须按时赶到。吴涛听后，认为这是一个绝好的报复机会，于是装作不知道这件事，也没告诉刘昭。

第二天，刘昭将吴涛叫到自己的办公室，非常严肃地说："吴涛，客户那么重要的事情你为什么不告诉我?如果不是客户今天早晨又打电话催我，我们几乎失去了一笔上千万的生意。我本来以为你平时工作表现好，只是为人欠历练，所以把你调到销售部，考察、磨炼你一下，看你是否能在以后担当重任。可你却对此心生怨恨，还故意报复，我们整个公司的前途差点就毁在你的手上。对于你的这种表现，我非常失望。我不得不告诉你，你被解雇了。"

吴涛因为没有和自己的上司及时沟通，将自己对上司的怨恨情绪积攒在心里，最终做出了不理智的举动，结果使自己的前途尽毁。整天抱怨的人总是受累于情绪，似乎烦恼、压抑、失落，甚至痛苦总是接二连三地袭来。于是，频频抱怨生活对自己不公平，自己因而一直生活在抱怨的世界中。

反之，懂得感恩的人会视单位的工作为最重要的事，会时刻以高绩效完成工作任务为自己的使命。他们愿意融入单位。换句话说，就是一颗感恩的心让他们时时保持着快乐的状态，没有抱怨的心情。

感恩是一种处世哲学，是生活中的大智慧。人生在世，不可能一帆风顺，种种失败、无奈都需要我们勇敢地面对、旷达地处理。这时，是一味埋怨生活，从此变得消沉、萎靡不振？还是对生活满怀感恩，跌倒了再爬起来？英国作家萨克雷说："生活就是一面镜子，你笑，它也笑；你哭，它也哭。"你感恩生活，生活将赐予你灿烂的阳光；你不感恩，只知一味地怨天尤人，最终可能一无所有！成功时，感恩的理由固然能找到许多；失败时，不感恩的借口却只需一个。殊不知，失败或不幸时更应该感恩生活。

美国前总统罗斯福的家失盗，被偷去了许多东西，一位朋友闻讯后，忙写信安慰罗斯福，劝他不必太在意。罗斯福给朋友写了一封回信："亲爱的朋友，谢谢你来信安慰我，我现在很平安。感谢上帝：因为第一，贼偷去的是我的东西，而没有伤害我的生命；第二，贼只偷去我部分东西，而不是全部；第三，最值得庆幸的是，做贼的是他，而不是我。"对任何一个人来说，失盗绝对是不幸的事，而罗斯福却找出了感恩的三条理由。

感恩，使我们在失败时看到差距，在不幸时得到慰藉，获得温暖，激发我们挑战困难的勇气，进而获取前进的动力。就像罗斯福那样，换一种角度去看待人生的失意与不幸，对生活时时怀有一份感恩的心情，则能使自己永远保持健康的心态、完美的人格和进取的信念。感恩不纯粹是一种心理安慰，也不是对现实的逃避，更不是阿Q的精神胜利法。感恩，是一种歌唱生活的方式，它来自对生活的热爱与希望。

亚德勒是奥地利著名的心理学家，他有一个著名的观点驰名世界心理学界：**"对别人越不感兴趣的人，伤害人越深，他一生中的困难也最多。人类的失败大都出于这种人。"**

最确切地从反面印证了这个观点的人，还是美国前总统罗斯福。在美国，不仅仅是广大民众，就是白宫的仆人们，也从内心里喜爱他。他的黑人男仆奥默森写过一本书——《罗斯福，他仆人的英雄》，详尽描述了他们这些仆人是如何敬佩和爱戴总统的秘闻。

在奥默森的书中,他写到这样一个细节:他妻子听人说鹑鸟很漂亮,可是从来没有见过鹑鸟。有一次她到总统的房间工作,就向总统询问有关鹑鸟的事情.总统当时就停下手头的工作,不厌其烦地向她讲述鹑鸟的故事。奥默森的妻子也没有把这件事情当成什么大事,也就是随便问问而已,总统的态度却让她十分感动,她没有想到位高权重、日理万机的总统,竟然这样重视自己的一个小小的问题。不久的一天下午,奥默森房间的电话响了,是罗斯福总统打来的。总统告诉奥默森,他刚刚从奥默森的窗口经过,看到正好有一只鹑鸟落在他们的窗台上.他让奥默森转告妻子,赶快来看那只鹑鸟。奥默森感动万分地喊自己的妻子,他们热泪盈眶地看到了那只美丽的鹑鸟!

奥默森这样描述他和妻子的感受:作为一个仆人,你怎么能够不喜欢这样的主人?他和妻子始终把这件事情记在心头,作为自己一生最珍贵的宝贝珍藏。他说,在当时的白宫里,任何一个在那里工作的人,几乎都有过类似的经历.大家只要谈起罗斯福总统,都有一些值得自己终生铭记的故事.他们这些仆人常常这样想,不论在什么时刻,为了罗斯福总统,他们随时都愿意赴汤蹈火!

当罗斯福总统任期届满以后,有一次他重新回到白宫拜访当时的总统塔夫托。恰好塔夫托总统和夫人都不在,他就挨个去探望那些仆人们。无论是卫兵、厨师、杂役、花工还是做杂务的女仆,他都像遇到老朋友那样直呼他们的名字,一一与他们握手,并询问他们的家人和孩子。当他在厨房遇到面点师艾莉丝的时候，就问她是否还烘制他最喜欢吃的玉米面包。艾莉丝说，不烘制了，现在这里的主人不喜欢。罗斯福说，他们真不懂得欣赏，等我见到总统我要转告他。艾莉丝激动得泪流满面，她不论见到谁都不停地说，罗斯福总统依然记着我做的玉米面包！

此后的很多年，艾莉丝每年都会在罗斯福总统生日的那一天送上自己亲手做的玉米面包，即使罗斯福总统去世之后她也没有间断，她把做好的玉米面包送到罗斯福的墓地去。她认为自己的一生中再也没有什么事情比这件事更加重要。

那天罗斯福看望大家的场景，成为白宫所有工作人员一生中最珍贵的记忆。很多年以后，他们这些人都退休了，还经常谈论此事。有一位仆人甚至说，就算有人拿十万美金来换我的这个经历，我也不换，因为我知道自己在总统的心目中有多么重要.

我们任何一个人都喜欢得到关注，都喜欢被重视。当你像罗斯福总统这样对待你身边的每一个人的时候，你就是一个不同凡响的人了。对别人的关注和重视，源自于内心对别人的感恩。

对于生活心存感恩，你就不会有太多的抱怨，世上没有十全十美的事物。比抱怨更重要的是自己为改变这一切做了哪些努力。感恩之心足以稀释我们心中的狭隘和蛮横，还可以帮助我们度过最大的痛苦和灾难。

我们要学会：用加法的方式去爱人，用减法的方式去怨恨，用乘法的方式去感恩。

感恩不仅仅是为了报恩，因为有些恩泽是我们无法回报的，有些恩情更不是等量回报就能一笔还清的，唯有用纯真的心灵去感动、去铭记、去永记，才能真正对得起给你恩惠的人！

阅读思考：

1. 你都在抱怨些什么？
2. 你有没有一颗感恩的心？
3. 你能够用感恩之心取代抱怨之声吗？

2.用感恩的心回报工作

曾经有位老师告诫即将走上工作岗位的学生："假如第一份工作就有很好的薪水，那算你的运气好，要努力工作以感恩惜福；万一薪水不理想，就要懂得在工作中磨炼自己。"无论我们取得了多大的成就，身处什么样的地位，都应该珍爱自己的工作。

如果你能每天抱着感恩的心情去工作，在工作中始终牢记"拥有一份工作，就要懂得感恩"的道理，你一定会成为出类拔萃的员工。只要你心怀感恩，你在工作中就会更加勤奋，会给客户提供无微不至的服务；只要你心怀感恩，你每天都会成为尽职尽责的人，为单位贡献无数的能量。感恩能让高绩效工作成为一种习惯，能让奋发地工作变成一种常态。

每个人都有自己吸引别人的地方，例如眼睛、谈吐、衣着、身段、修养和性格等。但感恩的心态，绝对会让你成为单位里独一无二的"发光体"。感恩传递的积极信息，会深入到他人的内心，为你赢得独特的吸引力。

美国第一心灵励志大师菲尔博士提出了“气场决定命运”的理念。那些心怀感恩的人，就像是一个个活的能量场，通过思想和行为信息的传播，吸引着周围具有成功素质的人士。这就像是默默形成的一种“气场法则”，将富有主见、阅历丰富的人聚集在一起。其实，综观那些具有魅力的人的特点可以发现，他们绝大多数都是懂得感恩的人。也就是说，身怀一颗感恩之心，是这些人的特质，是他们产生吸引力的原因之一。

感恩是人们源于爱的一种情绪，而爱在人群中最能引起人们的共鸣，它能带来正面的心态，化解他人的负面心态。所以，它也就能吸引更多的人。相反，如果一个人没有感恩之心，一切所发出的思想和感觉都是负面的。自然无法吸引别人。

1991年，一个台湾籍的年轻人加入到中国惠普有限公司计算机系统事业部工作，因为他的到来，事业部的员工对待自己的工作也充满了热情。

之前事业部的工作情况并不是这样的，大家的工作激情普遍不高，改变是从这个台湾籍年轻人的到来开始。因为这个台湾籍年轻人对待工作充满了激情，对待身边的每个人充满了热情，他说要用自己的微笑度过每一天，他的这种精神状态带动了其他员工。很快，大家都以一种积极的心态投入到工作中。在很短的时间内，公司的业绩持续增长，公司内部每天都充满了活力。

后来该部门成为惠普公司全球计算机业务增长最迅猛的部门。而这个台湾籍年轻人因为工作业绩突出被任命为中国惠普有限公司计算机系统事业部总经理。这个台湾籍年轻人名叫孙振耀。后来他还成为了中国惠普有限公司总裁。

孙振耀在来中国惠普公司工作之前，他在台湾惠普公司做得很好，他本身也是台湾人，按理说在台湾发展更适合他，但是他却告别家人来到中国大陆工作而且还干得有声有色。公司的同事不禁有这样的疑惑：他为什么会做出这样的选择？在一次和同事们交心聊天的过程中，孙振耀道出原委："公司安排我到大陆来，自有公司的道理，事实上也为我提供了更好的发展平台；同事中虽然有些人学历比我低一些，但是每个人都有我学习的地方；每天都是新的一天，所有的烦恼都已经成为过去，我感谢所有的一切。以感谢为动力，我认为自己必须用努力工作来回报所有的一切。"

孙振耀还说："是一种感恩的心情改变了我的人生，当我清楚地意识到我无权要求别人时，我对周围的点滴关怀都抱以强烈的感恩之情。我竭力要回报他们，我竭力要让他们快乐。结果，我不仅工作得更加愉快，所获帮助也更多，工作更出色。我很快地获得了公司加薪和升职的机会。"

孙振耀被提拔与他的感恩是分不开的。做一个有影响力的员工，能带动其他员工共同进步，这也是现代企业所需要的人才。一个拥有感恩之心的杰出员工，必定是企业中的"气场之王"，会取得事业上更大的成功。

珍爱自己的工作，才能努力工作，才能永远保持一种主动的工作态度，为自己的行为负责，即使是最平凡的工作也会变得意义非凡。反之，人们会马上陷入一种糟糕的境地，对许多客观存在的现象日益挑剔和不满。如果你没有一颗感恩的心，你就会失去平和宁静的心态，并开始习惯于注意并指责那些琐碎、消极、猥琐、肮脏甚至卑鄙的事情。放任自己的思想关注阴暗的事情，你自己也将变得怨天尤人。

每天抽出一点时间，为自己的工作而感恩，真诚地为身边的每一个人祈福。感恩是情感的自然流露，它会增强你的个人魅力，让你拥有神奇的力量，使你在人群中出类拔萃。

让我们多一点感恩，多一点“气场”。因为感恩不仅会让我们更会做人，也更会做事。而神奇的“气场”法则将会使感恩和阳光成为生活不可缺少的部分，让你成为拥有强大的人脉网络的职场“红人”！所以，我们应让感恩之心永远伴随着自己。

对于员工而言，工作能给你的生活予保障，又能给你的生活予乐趣，工作是生命中最重要的礼物。唯有感恩、唯有懂得珍惜，我们才对得起这份生命中的恩赐。是工作给了你一切，你应该并且必须对工作、对单位、对提携你的上司和关心你的同事抱一种感恩的态度。离开了工作，你会发现自己的人生暗淡无光。

对于我们而言，有人总认为自己的工作不够好，他们对自己的工作从未怀有感恩之心。倘若我们对自己所拥有的工作知足惜福，对自己的工作心存感恩，我们的世界将会充满更多的阳光。相信只要我们珍爱自己的工作，即使在平凡的岗位上，也能做出非凡的成绩。

阅读思考：

1. 你是个懂得感恩的人吗？
2. 这份工作给你带来哪些好处？
3. 你能珍惜你的工作吗？

3.常怀感恩之心，常做有益之事

人的一生中，小而言之，从小时候起，就领受了父母的养育之恩。等到上学，又领受老师的教育之恩。工作以后，又领受领导、同事、客户的关怀、帮助之恩。年纪大了之后，又免不了要接受晚辈的赡养、照顾之恩。大而言之，作为单个的社会成员，我们都生活在一个多层次的社会大环境之中，都从这个大环境里获得了一定的生存条件和发展机会，也就是说，社会这个大环境是有恩于我们每个人的。

懂得感恩，说明一个人对自己与他人的关系有着正确的认识；懂得报恩，则是在这种正确认识之下产生的一种责任感。没有社会成员的感恩和报恩，很难想象一个社会能够正常发展下去。在感恩的空气中，人们对许多事情都可以平心静气；在感恩的空气中，人们可以认真、务实地从最细小的事情做起；在感恩的空气中，人们正视错误，互相帮助；在感恩的空气中，人们将不会感到自己的孤独……

感恩是一种生活态度,是一种美德。如果人与人之间缺乏感恩之心,必然会导致人际关系的冷漠。所以,每个人都应该常怀感恩之心。

常怀感恩之心,能帮助你在逆境中寻求希望,在悲观中寻求快乐。

有甲乙二人在沙漠中行走,他们是很要好的朋友。但是在途中不知道什么原因,他们吵了一架,甲打了乙一巴掌。乙很伤心,于是他就在沙里写了一句:“今天我朋友打了我一巴掌。”写完后,他们继续行走。

他们来到一块沼泽地里,乙不小心掉到沼泽里,甲不顾一切拼了命地去救乙,最后乙得救了。他很高兴,就找了一块石头,在上面刻写了一句:“今天我朋友救了我一命。”

甲一头雾水,奇怪地问:“为什么我打了你一巴掌,你把它写在沙里,而我救了你一命,你却把它刻在石头上呢?”

乙笑了笑,回答道:“当别人对我有误会,或者有什么对我不好的事,就应该把它记在最容易遗忘、最容易消失不见的地方,由风负责把它抹掉;而当朋友有恩于我,或者对我很好的话,就应该把它记在最不容易消失的地方,不管风吹雨打也忘不了。”

在水中放进一块小小的明矾,就能沉淀所有的渣滓。如果在我们的心中培植一种感恩的思想,则可以沉淀很多浮躁、不安,消融很多不满与不幸。

常怀感恩之心,我们就可以逐渐原谅那些曾和你有过结怨甚至触及你心灵痛处的人,会使我们的心胸更加宽阔。

现任俄罗斯总理普京说过:**人首先应当遵从的,不是别人的**

意见，而是自己的良心。

每个有感恩心的人，他们都会对自己的言行负责，他们把握自己的行为，做自我的主宰。这一过程中，折射出来的就是一种巨大的人格魅力。这些人距离我们并不遥远，他们可能就在你的身边，而且你很容易发现他们在单位里是那样备受喜爱。这样的人，会为自己和身边的人带来和谐的音符，会为同事带来无私的帮助，会给单位作出诸多的贡献。因此，无论是领导还是同事，都喜欢感恩的人，都愿意围绕在他的身边。

曲全龙出生在河南省唐河县郭滩镇后岗村一个农民家庭。1991年他因家里经济拮据被迫高中辍学。为了改变家庭经济状况，曲全龙在家乡种过地，卖过冰棍儿，当过小工。曲全龙在家乡干了好几年，虽积累了社会经验但仍未摆脱贫困。

1998年初，从不相信命运，不甘于现状的曲全龙独自一人到广东东莞打工，在台资企业——亚讯医用器材有限公司包装车间上班，月薪520元。

包装车间的工作最苦、最累，要付出很大的体力。曲全龙个头不高，体型偏瘦，干起来很吃力，但他从来都不偷懒，更不叫苦叫累，总是抢着干。

曲全龙待人也十分义气，他平时一到周末就买些酒和菜，到自己的宿舍请工友们聚餐。久而久之，瘦弱但豪爽的他成了工友们的“主心骨”。

2001年1月初，包装车间有了一个技术培训名额。当车间主任宣布名额将由选举决定时，工友们大声地喊：“小曲兄弟干活实在，我们推举小曲兄弟。”

培训结束后,曲全龙被任命为车间组长。公司规定,组长的工作时间是每天10个小时,曲全龙给自己规定的时间是14个小时,除了查看工作记录、做好包装检验,他总是自觉抽出两个小时帮助进度慢的工友义务干活。要知道,在以计件算工资的台资企业里,他这么做等于帮助工友挣钱。

曲全龙的仗义很快在全公司出了名,当哪个工友见到他帮自己挣钱时,都会不由自主地加快工作进度,这样一来,他带领的小组生产效率明显高于其他小组。

曲全龙随身携带的小本子上记有各位工友的生日。第一次为工友老邓过生日时,他在工厂的职工食堂多点了几个菜,订了一个小蛋糕。当老邓走进职工食堂的小餐厅,看着烛光中工友们的笑脸,听着生日快乐歌,感动得热泪盈眶:“我活了40多年,还没好好过过一个生日,谢谢曲兄弟。”

曲全龙事事处处像对待自己的亲兄弟姐妹一样替工友考虑,自然赢得了工友们的尊重。

同样干活,为什么他的小组干得比别的小组出色?公司高层领导一度感到纳闷。公司一个台湾籍的副总经理,在曲全龙所在的小组蹲点数日,终于找到答案。他在公司大会上不吝溢美之词,还把曲全龙的做法称为“曲全龙工作法”,并在全公司加以推广。

公司领导让曲全龙向公司的管理干部传授工作经验,曲全龙说:“要想把生产搞好,作为管理人员,必须事事处处为员工考虑,这样才能赢得员工们的尊重和爱戴,才能调动他们的工作积极性。为此,我时刻关注员工们的生活冷暖、喜怒哀乐,经常找员工聊天，时间长了，员工们遇事都爱找我商量，把我当成了主心骨。”

公司鉴于曲全龙吃苦耐劳、诚信认真、管理有方，同时又深得工友拥戴，先后任命他为车间主任、副经理、经理。

2003年，曲全龙担任经理期间发现温州华泰塑胶公司给自己公司供应的PVC胶布因技术问题发生出油现象，为保证产品质量，他果断决定全厂停止生产，对有问题的胶布进行封库。当时有些问题产品已经装上货轮正在运往美国的途中，曲全龙立即通知美国的客户，在港口等候，然后把产品退回。为此，公司虽然损失了300多万元，但美国客户对他们公司的信誉度很满意，美国客户通过追加订单来弥补曲全龙公司的损失。

曲全龙工作严谨，高度的责任感再次征服了股东。2004年公司股东大会一致通过，任命曲全龙为温州分公司的总经理，负责分公司全部事务，年薪30多万元，加上干股和奖金，曲全龙年收入300多万元，曲全龙成了总公司中薪水最高、最年轻的分公司总经理。

曲全龙始终没有忘记自己是一位农民的儿子，没有忘记生他养他的家乡。2006年初总公司调整发展战略，欲在内地创办子公司。他竭尽全力为家乡唐河县积极争取此项目。他说：“我认为一方面家乡劳动力资源丰富，有130多万人，我们的工厂是劳动密集型企业。另一方面，家乡县委、县政府提出了从农业大县到工业大县跨越的口号，势必会出台一系列有利于企业发展的优惠政策。同时2003年春节我回家乡时，感到家乡县城建设很萧条，但2006年春节前回家乡时，县城建设发生了巨大变化，这说明家乡领导是务实的。”

为了彻底打消股东们的顾虑，曲全龙大胆提出：“如果总公司把分厂建在唐河县，前期投资我出资筹建，建成后总公司再投资，按股份制分红。如果干不成，亏损部分我一人承担。”曲全龙的执著和对家乡的诚意感动了其他股东，总公司同意在唐河县建立分厂。

回到家乡后，曲全龙与县委、县政府领导商谈建厂事宜。2007年7月，由曲全龙创办，占地近百亩的南阳畅鸿塑胶有限公司一期工程在唐河县工业集聚区破土动工。这个新公司当年就获利颇丰。南阳畅鸿塑胶公司生产的毛毯袋、衣橱、衣柜、鞋挂等家用塑胶产品，远销欧美、南非、中东、澳洲、港澳台地区。当年生产6个月，就安排家乡富余劳动力300余人，创产值1200余万元。业绩喜人，总公司股东大会一致通过，为南阳畅鸿塑胶公司注入发展资金，实行股份制经营。得到总公司的大力支持后，南阳畅鸿塑胶公司年产值达2.5亿元，利税3000余万元，安排富余劳动力700多人。

天有不测风云，正当企业发展蒸蒸日上时，2008年席卷全球的金融危机不期而至。因南阳畅鸿塑胶公司90%的产品依赖出口，一时间市场萎缩，产品滞销，公司接不到新的订单，就连多年的老客户也纷纷打来电话，要求降价。

当时公司产品销量锐减40%，一半机器停止运行，公司处境艰难。总公司为了股东们的利益，要求赶快撤资，但曲全龙坚决不同意。他认为，建厂前前后后，县里给他提供了很大帮助，如果撒手一走，那会对不起家乡父老，全公司几百名员工就面临失业，这违背了他建厂的初衷。

是进是退，曲全龙面临着创业以来最大的一次抉择。为规避金融危机，减少对企业的影响，他首先邀请美洲、台湾等地区的8家大客户来公司考察，给客户分析他们公司的优势和发展前景。曲全龙告诉客户："我们这个行业是个劳动密集型企业，这种企业在南方再发展三年就很难再招到工人。而我们家乡人力资源丰富，是南方许多公司无法比拟的。同时我们厂一切手续齐全，有资产抵押，真出了问题，赔偿有保障。"

针对金融危机，消费市场萎缩，对客户们纷纷要求降价的呼声，曲全龙积极配合，广泛让利，虽然每个月利润比以前减少了六七十万元，但稳定了客源，保住了市场。同时，公司在广州成立畅鸿贸易公司，派驻20多人，专门接收订单，开发新产品，开拓海外市场。

"金融危机使南方许多小企业破产倒闭，这对我们这样的大厂来说是难得的发展机遇，其他小厂原有的客户纷纷与我们合作，现在我们的大客户由以前的8家增加到10家，订单多了，我们的员工不减反增，以此缩短交货周期，降低成本。目前公司产品由过去主销美国、日本，拓展到巴西、南非、土耳其、印度、巴基斯坦和澳洲，月产值达六七十万美金！"曲全龙对未来的发展充满信心。

曲全龙没有学历，没有背景，用了9年时间，从底层做起，完成了从基层员工到企业老总的华丽转变，靠的是什么呢？靠的是用心，用良心，用感恩的心去做人做事。

感恩，是一条人生基本的准则，是一种人生质量的体现，是一切生命美好的基础。感恩是生活中的大智慧，能使我们感受到大自然的美妙、生活的美好，能保持我们的积极、健康、阳光的良好心态。怀有感恩之情，对别人、对环境就会少一份挑剔，多一份欣赏和感激。感恩，是一种美好的情感，是道义上的净化剂、事业上的原动力和内驱力，是人的高贵之所在。感恩将使你的心和你所企盼的事物联系得更紧，从而一生都被美好的事物包围。

阅读思考：

1. 你是否常怀感恩之心？
2. 你是否常做有益之事？
3. 有人受过你的恩惠吗？

4.心存感恩，才能成就事业

感恩是一个人与生俱来的本性，是一个人不可磨灭的良知，也是现代社会成功人士健康性格的表现。一个连感恩都不知晓的人，必定是拥有一颗冷酷、绝情的心，这样的人得不到别人的帮助，一个得不到帮助的人，就算他个人再努力也成就不了一番事业。

如果你在事业上取得一定的成绩，或者说你已经成就了一番事业，你仔细想想，你能有今天应该感谢谁？除了感谢你自己的努力，更要感谢那些帮助过你的人：要感谢为你的成长付出毕生心血的双亲，要感谢辛勤教育你的老师，要感谢你的朋友、上司、领导、同事、客户、合作伙伴……

1978年，牛根生成为呼和浩特大黑河牛奶厂的一名养牛工人，1983年他进入伊利集团（原呼和浩特回民奶食品厂）工作，当了一名洗瓶工人，然后从基层干起，用了将近10年的时间，完成了从洗瓶工到副总裁的转变，1992年他担任内蒙古伊利集团生产经营副总裁（同时也是伊利创始团队成员）。为打造“伊利”这个全国驰名品牌，他立下了汗马功劳。1998年，牛根生因为与时任伊利集团董事长郑俊怀不和，最终被迫辞职离开了伊利集团。

许多人以为，牛根生一定对伊利心生怨恨，因为他毕竟属于功臣人物。然而，牛根生却出人意料地一直感恩伊利。他一直都在以德抱怨，怀着一颗感恩的心，真诚地对待曾经对他有过知遇之恩的郑俊怀，以及曾经锻炼过他的伊利，甚至在郑俊怀落难的时候，还主动帮助他的家人渡过难关。因为他知道，虽然伊利给他带来了痛苦，但同时更多的是一种宝贵经验的积累以及商业平台的搭建。

牛根生没有停滞不前、喋喋抱怨，也没有怨恨过去上司对他的不公，而是凭借自己宽大的胸怀、平和的心态，感恩带来的温暖、自信、坚定、善良这些美好的处世品格，以及在伊利集团多年的磨炼，于1999年创立了蒙牛集团。在他的率领下，蒙牛集团创造了5年业绩增长200倍，6年销售200亿的神话。

从小由养父、养母带大的牛根生有一个人生态度，对他事业的发展非常关键，就是“财散人聚”，而这正是养母在他小的时候教给他的。

当然，能够做到散财也需要有一颗感恩心。感恩为自己付出辛劳的每一位同事、朋友、伙伴，以及方方面面。当年他还在伊利集团工作的时候，伊利集团分配给他一笔奖金，他全分给了下属。还有一年，伊利集团给他拨款一百多万元，让他买高级轿车。结果，他买了5辆面包车，因为他下属的几个部门都需要交通工具。1999年，牛根生创业的时候需要资金，他并没有四处借钱，而是他的老同事、老朋友们听说他要创业，搞老本行，认为跟他干肯定没有错，于是大家就把钱凑来了。蒙牛集团成立只有六七年的时间，但牛根生懂得感恩、感谢别人的付出，因此得到了很多人的帮助和支持。

牛根生曾说过，公司的命运和一群人的命运联系在一起，就是三民：亿万人民——消费者，千万股民——投资者、股东，百万农民——奶源提供者。只有消费者、股东、员工、银行、合作伙伴、社会均衡收益才是真正意义的可持续受益，只有与大多数人命运关联的事业才是真正可持续的事业。2005年1月，牛根生宣布将其个人所得股息的51％捐给"老牛基金会"，49％留作个人支配。他还决定在他"百年"之后，将其所持股份全部捐给"老牛基金会"。这部分股份的表决权授予其后任的蒙牛集团董事长，家人不能继承其股权，每人只可领取少量的生活费。

因为懂得感恩，牛根生在很多人的帮助下渡过了灾难和痛苦。因为感恩，所以他不计较、不抱怨，以一种积极的态度去回报感恩的对象。

人生道路，曲折坎坷，不知有多少艰难险阻，甚至遭遇挫折和失败。在危困时刻，有人向你伸出温暖的双手，解除生活的困顿；有人为你指点迷津，让你明确前进的方向；甚至有人用肩膀、身躯把你擎起来，让你攀上人生的高峰……你最终战胜了苦难，扬帆远航，驶向光明幸福的彼岸。那么，你能不心存感激吗？你能不思回报吗？

感恩的关键在于回报意识。回报，就是对哺育、培养、教导、指引、帮助、支持乃至救护自己的人心存感激，并通过自己十倍、百倍的付出，用实际行动予以报答。

用感恩的心、用报恩的心去为人处世，便不会感到倦怠与疲累。随时随地心存感激，以财力、体力、智慧、心力来做一切的奉献。

感恩是一种精神，一种境界，是催促个人奋发向上、严格要求自己的重要源泉。心存感恩，我们才能成就生命和事业的辉煌。

阅读思考：

1. 哪些人、哪些事让你一直感恩戴德？
2. 事业得到发展，你会感激哪些人？
3. 你是如何回报那些给予你帮助的人？

第六章

用宽容心去工作

1.对任何人不怀恶意,对一切人宽大仁爱

2.学会宽容,更要学会包容

3.欣赏别人的长处,包容别人的短处

4.心里放不下自己,是没有智慧;心里容不下别人,是没有慈悲什么是宽容心？宽容心就是一个人内心宽大有气量，不计较或不追究，能容忍别人。

俗话说得好："退一步海阔天空，让几分心平气和。"这就是说人与人之间需要宽容。宽容是一种美德，它能使一个人得到尊重。宽容是一种良药，它能挽救一个人的灵魂。宽容就像一盏明灯，能在黑暗中放射着万丈光芒，照亮每一个心灵。

一个人的成就，不是以金钱衡量，而是一生中，你善待过多少人，宽容过多少人，有多少人怀念你。生意人的账簿，记录收入与支出，两数相减，便是盈利。人生的账簿，记录爱与被爱，两数相加，就是成就。

——哈佛大学创始人约翰·哈佛

1.对任何人不怀恶意，对一切人宽大仁爱

如果在生活中你遭遇到了别人的非议、责难、批评乃至嘲笑、抨击，一定不要针锋相对，冤冤相报，而要学会以一种大度的心态去宽容对方，表现出宽广的胸怀，这样，你很快就会树立起高大的形象，获得别人的尊重，也会使得对方相形见绌。

但事实上，我们常看到这样的情况：**自己说过、做过伤害别人心灵的事，有可能转眼间就忘得一干二净；而别人说过或做过伤害自己的事往往一辈子都能记得清清楚楚，且无法原谅。**

每个人都不是完美的，都有这样那样的缺陷和不足，所以人人都会犯错。但是，如果对他人所犯的错误进行过于苛刻的追究，只会使人与人之间的距离越来越远。那么，我们何不学学前辈的做法呢：蔺相如宽容了廉颇，才化解了将相之间的矛盾，维护了国家的安宁；鲍叔牙宽容了管仲，才成就了一代名相；唐太

宗宽容了爱进谏的魏征，才成为一代名君。以博大胸怀宽容对方，避免怨恨消极情绪的产生，消除人为的紧张，愈合身心的创伤，相信你的生活会更加美好。

宽容是冬天皑皑雪山上的暖阳，可以消融坚冰；宽容是炎炎夏日里的一丝绿阴，可以排解酷暑。以宽容的心态去对待他人，方能赢得他人更多的好感，进而与他人和睦相处，使自己的事业一帆风顺，生活幸福美满。

大作家纪伯伦曾说：**一个伟大的人有两颗心：一颗心流血，一颗心宽容。**

林肯是公认的美国历史上最伟大的总统之一，他一生的成就是和他的虚怀若谷、心存宽容分不开的。

在林肯当选总统之前，他曾到参议院做演讲。在演讲开始前，有一位参议员羞辱他："尊敬的林肯先生，希望在你演说前不要忘记自己的父亲是个鞋匠。"当时参议院的议员都在场，许多支持他的人都替他担心，有些人则喜形于色，因为他们是林肯的反对者。

面对对方的挑衅，林肯没有愤怒，也没有进行激烈的反击，反而很客气地说："非常感谢您惦记我已经去世了的父亲，我很爱他，因为他培养了一个伟大的儿子。然而又对不起他，因为我做总统可能无法像他做鞋那样手艺精湛。"林肯的发言引起了人们的注意。善于把握演讲时机的林肯趁机说道："我的父亲为很多人做过鞋子，恐怕也包括你的家人。"他的手指向那个挑衅者继续说道："我从小就跟随父亲学习做鞋子，当你的鞋子穿着不舒服时，如果你不介意，我可以帮你修改一下，虽然我不像父亲的手艺那么好。"说到这里，那个挑衅者显得无地自容，躲进了人群中。

"如果你们大家有谁穿着我父亲所做的鞋子，我丝毫不介意帮你们加以修理或改善。不过有一点需要强调，我父亲的手艺是无与伦比的。"讲到这里，林肯结束了演讲，人群中再也没有嘲笑之声，所有的声音都汇集在一起，变成了雷鸣般的掌声。

事后，有朋友对林肯化敌为友的做法表示不解，认为对待敌人就应该打击，毫不留情地加以消灭。林肯告诉朋友：**"把敌人变成朋友，难道就不是在消灭敌人吗？把你的反对者变成支持者，你做事不是更加容易吗？"**林肯善于宽容他人，并发出友善的声音，竞选时不少原先反对他的人都反过来投他的支持票。最后，林肯成功当选总统。

林肯对人宽容是他在政坛获得成功，并在此后获取崇高地位的重要原因之一。至今在林肯纪念堂的墙壁上，仍刻着这样的话："对任何人不怀恶意，对一切人宽大仁爱。"对人宽容，展现的是一种心胸宽广的容人之量。能够宽容他人的过失，对万物都能坦然处之，那么，自己的生活也将变得十分惬意。

雨果说："最高贵的复仇是宽恕。"当别人伤害自己时，一味地报仇雪恨并不能使自己得到任何快乐，反而会失去更多，最终害人害己。然而不少人却并不明白这个道理。三国时期的周瑜，心胸狭窄，在诸葛亮的神机妙算面前，感觉技不如人，心生嫉妒，感觉好像受了伤害一样。然而，他数次设计谋杀诸葛亮都未果，最后是“赔了夫人又折兵”，内心郁积怨恨，竟然吐血身亡。如果当初周瑜能以宽容的心态对待他人，面对诸葛亮胜过自己的事实，能够坦然面对，并且从自身做起，发愤图强，或许最终能超越对手，也不至于英年早逝。

培养自己宽容的胸怀，养成宽宏大量的气度，以宽容的态度去待人处事，你就会积累更多成功的资本。唯有宽容，才能去除内心的嫉妒；唯有宽容，才能成就你美好的未来。

华人首富李嘉诚刚创办长江实业公司时接到了一份来自美国商人的订货单。可就在李嘉诚完成订货后，美商却突然变卦不要了，他只好解除订单。按照合同，违约方必须作出巨额赔偿。可是，当美商试探地问李嘉诚需要多少赔偿金时，李嘉诚却说：“生意场上的事，变幻莫测，虽然你不要货了，但我这批产品还未受到损失，所以就不必赔偿了。有机会的话，我们再合作。”美商千恩万谢而去。

时间久了，李嘉诚也慢慢淡忘了这件事。两年后，有一个美国商人来到香港，专找李嘉诚买塑料花，一下子让李嘉诚赚了一大笔钱。生意完成后，李嘉诚问那个美国商人：“先生到香港来为什么只跟我做生意？”对方回答：“我有一个生意上的朋友，经常谈到你，说你这个人不错，待人仁厚，不斤斤计较，值得交往，所以我就专程来找你。”李嘉诚这才恍然大悟，会意地笑了。

生意场上风云莫测，瞬息万变，出现什么事情谁都无法预料，当合作方“伤害”到李嘉诚的利益时，他却设身处地为对方着想，难怪那位美商会心悦诚服且知恩图报，不断向同行说他的好话了。宽恕——让李嘉诚失去了眼前的微利，却为他换来长久的“财富”及千金难买的口碑。所以说，宽容也是一种财富。

人与人的交往中难免出现摩擦和矛盾，当别人犯错对你造成伤害时，不妨学着以德报怨，得饶人处且饶人。要知道，宽恕别人也就是善待自己。

阅读思考：

1. 你有没有宽容心？
2. 哪些人、哪些事你会去宽容？
3. 你有没有得到过别人的宽容？

2.学会宽容，更要学会包容

宽容是人与人之间必不可少的润滑剂。它和诚实、勤奋、乐观等价值指标一样，是衡量一个人气质涵养、道德水准的尺度。宽容别人是对别人的一种尊重、一种接受、一种爱心，有时候宽容更是一种力量。

我们要学会宽容，更要学会包容。一个人要想获得终身的幸福，就必须净化自己，把那些困扰自己心灵的不健康心态赶出去，选择积极且正确的心态——包容。包容就像海一样宽广而浩瀚，它能接纳一切，也能化解一切。包容会带着你跨越那些困难，找到新生。包容是一种无声但又很强大的力量，拥有包容之心的人，生命才会更加饱满。包容的心态是善良人品的升华，是人性至美的沉淀，是崇高精神的凝结。拥有包容的心态，会让人感觉到生命的安祥和幸福。

学会宽容和包容伤害自己的人吧，因为他们很可怜，每个人都有自己的难处，大家都不容易。

有一位部门经理，在一次外出办公事时，手提包被盗，里面除了常用的钱物外，还有公司的公章。当她又内疚又担心地站在总经理面前讲完前因后果后，她以为总经理接下来会暴跳如雷。不料总经理却笑着说："我再送你一只手袋好吗？你前段时间的工作一直非常出色，公司早就想对你有所表示，但一直没有机会，现在机会终于来了。"

那位没有暴跳如雷的总经理，用宽容的态度处理了这件事，使部门经理心怀感激，后来这位部门经理知恩图报，工作更加努力，做出了不少令人惊叹的业绩。

这就是宽容的力量。

宽容本身也是一种沟通、一种美德。假如生活中，我们受到了不公正待遇或自己身边的人做错了什么，千万不要生气、愤怒，而应学会宽容。生气愤怒是人类最坏的毛病之一，它是在用别人的过错惩罚自己，是一种徒劳的、于己于人无益的活动。

很多人往往很难容忍别人对自己的恶意诽谤和致命的伤害。但唯有以德报怨，把伤害留给自己，才能赢得一个充满温馨的世界。佛祖释迦牟尼说：**"以恨对恨，恨永远存在；以爱对恨，恨自然消失。"这就是包容。**

人心其实是一个容器，那么，人心这个容器包容什么呢？

容人之长。每个人都有自己的长处，有的人能歌善舞，有的人文笔一流，有的人耳聪目明，有的人胆大心细……容人之长，就是要懂得欣赏和悦纳，而不是嫉妒和仇恨。这样，心才能平，气才能静。都说"人比人，比死人"，其实，比死也活该，谁叫你和别人比呢？如果说你不容，别人的长就变短，不容倒还有几分意义，可你再怎么不容，长的照样长，短的依旧短，不容也无用。与其把时间和精力浪费在无聊的争比上，不如修心养性，提升自我。

容人之功。心胸狭窄的人，对别人的成功往往耿耿于怀，甚至咬牙切齿。这实际上是嫉贤妒能、嫉名妒利的心理在作怪。这种人，要么眼红别人得的好处多，要么害怕别人有了功自己受威胁，所以总不能坦然面对别人的成功。其实，冷静想想，如果别人如己、胜己，是靠努力、实力和机遇而成功的，有什么不能容？如果别人逊己、劣己，是靠投机、使诈和关系而获胜，岂不更可容？前者是名至实归，后者是徒有虚名，哪一个都可以容。容，则心宽体胖；不容，则心劳日拙。

容人之得。人都有欲望，说无欲那是自欺欺人。当然，欲望有大有小，不同时期、不同处境，欲望也不相同。要容人之得，多半要懂得节制自己的欲望。毕竟，温饱不愁了，还有山珍海味，别人能吃到，你吃不到，心里舒服吗？房子不缺了，还有庄园别墅，别人能住到，你住不到，心里服气吗？薪水提高了，还有日进千万，别人能赚到，你赚不到，心里爽快吗？因此，如果你不容，老感觉上天不公平，老抱怨日子不好过，那就真的越来越难过。相反，尽心尽力过好自己的生活，没有什么不愉快。

容人之仇。这是容人的极致，老子说的“以德报怨”就是容的最高境界。齐桓公不计一箭之仇，反而任用管仲，从而为国得一能臣；唐太宗不咎谋害之计，反而提擢魏征，从而为己树一镜子。俗话说，冤家宜解不宜结。与人不和时，主动忍让，换位思考，可以避免矛盾激化。如果已经形成矛盾，以诚心感人，以宽心容人，常常可以化干戈为玉帛。《菜根谭》里也说："不责人小过，不发人阴私，不念人旧恶。三者可以养德，亦可以远害。"可见，容人之仇，实有必要，更为可贵！

总之，人心这个容器，可大可小，大可以大到容纳整个世界，小可以小到不容一粒细沙。你的容量有多大，在于你的心有多大。

中国电影集团董事长韩三平年轻时在部队当兵，有一个战友和他脾气不和，两个人总是斗嘴，谁也不服谁。有一天中午，大家正在休息，韩三平突然气呼呼地走了进来。在众人诧异的目光中，韩三平狠狠地坐在自己的床上，一言不发地生着闷气。

过了半天，大家发现韩三平仍旧气得脸色苍白，双手发抖。这时，一个平时和韩三平关系不错的朋友走了过来，拍了拍他的肩膀，示意他到外边去。韩三平默默地跟着好朋友离开了营房，来到一块空地上坐了下来。直到这时，好朋友才知道韩三平今天又和那个性格不和的战友吵了一架，对方说的话太过分了，韩三平修养好，强压着怒火才没有当场爆发出来。

尽管好朋友耐心地开导了韩三平半天，可是血气方刚的韩三平越想越生气，拳头捏得咯吱作响，满口好牙都快咬碎了。突然，韩三平猛地站了起来，紧握着拳头就要找对方理论去。这时，好朋友跳起来拽住韩三平，用尽全力把他生生地摁坐在了地上。

"在这个世界上什么人对你最重要？"好友突如其来的问题让韩三平猛然一愣，他抬起头来朗声说道："当然是关心我疼我爱我的人最重要了。”好友微笑着说道：“那惹你生气的那个人对你重要吗？”韩三平撇着嘴笑着摇了摇头说道：“当然不重要了！”

好友继续说道：“你们两个人性格不合，脾气不对，爱好不同，思维方式完全不一样，这样的人对你来说根本就不合适，也不重要。而一个对你不重要的人，他既没有关心过你呵护过你，也没有给过你任何启迪和帮助，这样一个人对你来说可有可无，而你却为了他费这么多的精力，生这么大的气，值得吗？”

听了好友的话，韩三平的情绪渐渐平静了下来。“不合适的人就是一阵风，他对你的生活根本就没有什么影响，烦恼都是你自找的！与其把精力心思都放在这样一个对你来说无足轻重的人身上，还不如多去找一些志同道合的朋友，不仅能让你找到共鸣，而且还能让你不断地学习和进步。”

好朋友这么一说，韩三平自己也乐了。仔细想想，自己和对方也没有什么仇恨，无非就是年轻人争强好胜图一时痛快，说话过分了点而已。这样的人和自己完全不是一路人，就像一阵风一样出现在自己的生命里，只要不放在心上，那么对自己也就没什么影响了。与其这么斗嘴伤感情，还不如客客气气地保持距离维持战友的感情，把精力投入到真正对自己有益的环境中去。

韩三平一下子豁然开朗了。再见到那个经常和自己拌嘴的战友之后，韩三平也不再像以前那样和对方争论不休，而是客客气气和人家打招呼，打完招呼之后就各忙各的。韩三平把以前放在和对方拌嘴上的时间都用在了和一些谈得来的战友交往上，不仅少了很多烦恼，而且在和这些战友的交往中还得到了不少快乐和生活的智慧。

由于韩三平态度的改变，以前那个和他拌嘴的战友也不好意思和他斗气了。两个人接触的机会越来越少，反倒没了摩擦，感情一天天也在增加，复员的时候甚至到了恋恋不舍的地步，抱头痛哭。就这样，韩三平在为人处世上一个小小的改变，既化解了矛盾，又赢得了朋友。

如今的韩三平，已经是中国电影界的旗帜性人物了，从一个平凡的小伙子变成中国电影集团公司董事长，依靠的不仅是韩三平过人的天分，更靠的是他有一颗宽容之心。

你要包容那些意见跟你不同的人，这样日子比较好过。你要是一直想改变他，那样你会很痛苦。要学会怎样忍受他才是，要学会怎样包容他才是。

你不是世界的中心，不可能每个人都围着你转，在为人处世的过程中，总会遇到一些和自己不和的人。和这些人交往的时候，我们要聪明、理智地保持着恰当的距离，不疏远也不亲密。既客客气气保持着和谐的友谊关系，又避免因为性格不和而发生冲突，将自己的精力放在结交和自己能产生共鸣的人身上。这样一来，你周围的人际圈子会越来越和谐且壮大。不合适的人就是一阵风，我们既不要把彼此因为不合适而产生的不和谐声音放在心上，更要懂得巧妙地和对方保持合适的距离，消除冲突，广交朋友，为我们的事业打下良好的人脉基础。

真正有宽容心的人，在为人处世时会做到三个“不要”：

①**不要拿别人的错误来惩罚自己**。现实生活中有许多人一不怕苦，二不怕死，再重的担子压不垮他，再大的困难也吓不倒他，但他受不起委屈、冤枉。其实，委屈、冤枉，就是别人犯错误，你没犯错误；而受不起委屈和冤枉就是拿别人的错误来惩罚自己。懂了这个道理，再遇到这种情况，对付的最好办法就是一笑了之，不把它当一回事。

②**不要拿自己的错误来惩罚别人**。当自己受到冤枉或不公正待遇后，也冤枉别人或不公正对待别人。事实上当你伤害别人时，自己会再次受到伤害。

③**不要拿自己的错误来惩罚自己**。何谓好人？我们认为，如果交给他做10件事，能做对7～8件，就是好人。显然，这句话潜藏着另一层含意就是好人也会做错事，好人也会犯错误。所以好人做错事只要认真找出原因，吸取教训，改了就好。

同一件事，想开了就是天堂，想不开就是地狱。人的烦恼多半来自于自私、贪婪，来自于妒忌、攀比，来自于自己对自己的苛求。人之所以痛苦，在于追求错误的东西。不宽恕别人，不原谅别人，是你自己的痛苦。

宽容并不等于懦弱，这是在用爱心净化世界，而绝不是含着眼泪退避三舍。宽容不是天平一端的砝码，不停地忙碌，维持着不断被打破的平衡，而是人世间永恒的爱与被爱。投之以木桃，报之以琼瑶，把宽容插在水瓶中，她便绽出新绿；播种在泥土中，她便长出春芽。

学会宽容和包容吧，互相宽容和包容的朋友一定百年同舟，互相宽容和包容的夫妻一定千年共枕；互相宽容和包容的世界一定和平、美丽。

阅读思考：

1. 你会拿别人的错误来惩罚自己吗？
2. 你会拿自己的错误来惩罚别人吗？
3. 你会拿自己的错误来惩罚自己吗？

3.欣赏别人的长处，包容别人的短处

中国伟人周恩来说："人总是容易看到人家的短处，看到自己的长处。应该反过来，多看人家的长处，多看自己的短处。这样不仅能使自己进步，也能帮助别人进步。"

我们应该学会：欣赏别人的长处，包容别人的短处，想到别人的好处，分担别人的难处。如果你习惯了这样做以后，你就能习惯善待每一个人。

善待他人，这句话说起来容易做起来难，说这话的人很多，但做到的人很少。

太过于欣赏自己的人，不会去欣赏别人的优点。我们静下心来，仔细思考一下，会发现我们很少会赞美他人，我们跟他人比较时，总是会找到对方的缺点，总是会说谁谁谁他什么又做错了，某某某他好笨啊，遇到人家做成功什么事情后，我们会心里说："这有什么，要是我肯定能做的比他好。"而当一个人做事情失败后，我们中间很多人会在内心里说："瞧瞧，他多笨呀。不行

就是不行。”……凡此种种，其实就是我们在内心深处不愿意看到他人的长处，不懂得善待他人的结果。**一个常常看别人缺点的人，自己本身就不够好，因为他没有时间检讨他自己。如果你能像看别人缺点一样，如此准确般发现自己的缺点，那么你的生命将会不平凡。**

阿姆斯特朗在迈上月球时，因一句“我个人迈出了一小步，人类却迈出了一大步”而家喻户晓，但一同登月的还有一位叫奥尔德林的宇航员，这个人虽然对我们来说很陌生，但同样让我们敬佩。在庆祝登月成功的记者招待会上，有一位记者突然向奥尔德林提出了一个很尖锐的问题：“作为同行者，阿姆斯特朗成为登陆月球的第一个人，你是否感觉到有点遗憾？”现场轻松的气氛一下子凝固了，在众人有点尴尬的注目下，奥尔德林很风趣地回答道：“各位，千万别忘记了，回到地球时，我可是最先迈出太空舱的！”他环顾四周笑着说，“所以我是从别的星球来到地球的第一个人。”大家在笑声中，给予了他最热烈的掌声……

从他的话中我们可以深深体会到善待他人的含义。聪明的人懂得善待别人，不会抓着对方的错误不放，他会用自己的方式走出没有结果的故事。也许几十年之后，人们早已忘记了奥尔德林，但却不能忘记他那种尊重他人，真诚分享朋友快乐的美德。

生活总是千差万别的，人的能力也是不尽相同，其实这跟我们的十个手指头不可能一样齐是一个道理的。当一个不如自己的人，通过努力在做一件事情，我们用自己由衷的言语赞美一下，对于我们来说可能不算什么，但是如果我们想象我们自己就是他，听到这赞美之词，会是一种什么样的心情呢？当一个强于自己的人，轻易完成一件事情后，我们给他赞美的同时，我们也会发现他成功的原因，我们会在关注他的同时发现他强于我们的原因，我们会要求自己朝着他成功的方向去努力，这总比我们嫉妒他、不服他要好多了吧？当遇到一个做错事情的人，特别是那种做错事情又伤害我们的人，如果我们宽恕他，给他改过的机会，我们得到的肯定不再是气愤之类的感觉；当一个人遇到困难的时候，我们尽力帮助他，善待他，试想一下，当对方说谢谢的时候，我们得到的又是什么呢？

给别人一片晴朗的天空，就是给自己一片明媚的天空。当你由衷发现他人的优点、好处和能力的时候，人家同时也发现了你的优点、好处和能力。

职场中每个人都有缺点，要用平和的心态面对，不应该总拿放大镜对准同事，放大同事的缺点，让同事下不来台，这样做的结果只能让自己失去朋友、失去人心。

不要太过武断说某个人在某方面有缺点，你指正就好，切忌胡乱造谣，胡乱给对方判“死刑”。总要给人改正缺点的机会，这是做人的原则，也是做事的原则。同事当然有缺点，你自己本身也有缺点，大家要互相体谅和互相尊重，要学会欣赏对方。

同事身上有缺点，自然也有优点。你用放大镜看同事的缺点，还不如用欣赏的眼光看待同事，多看别人身上的优点。这是一种好心态，也是能让人得到好人缘的必要保证。

每个人都有缺点，放大别人的缺点，让别人失去尊严，就会失去一个朋友。给对方台阶下，用你的真诚让对方感觉信任，坦诚你的见解，指出他的缺点，让他改正，他可能会成为你的知心朋友，而不是让他成为你的敌人！

杨丽在一家国有企业工作，这家企业的人际关系比较复杂。她当时负责一个部门，下面有一位名叫施玲的主管因能力不足被免职。此后，施玲对杨丽所带的团队极为不满，总想着要伺机报复。

一天，施玲捏造说，杨丽和另外两名同事在一起诋毁公司的领导。领导也不做调查，相信了她的一面之词。杨丽和部门所有员工被叫到一起，领导让她们“交代情况”。杨丽当时大吃一惊，这是根本没有的事。后来经过几人对质，谎言被揭穿，真相大白，全是施玲一人捏造，从此以后，施玲在部门里被疏远了。

杨丽经常看到施玲偷偷一个人跑到洗手间哭泣。后来杨丽决定不计前嫌，帮施玲走出阴影。杨丽经常有意无意地让施玲负责一个项目，而这个项目需要团队的合作，施玲必须成为团体中的一员，而杨丽则首先支持她，然后去做别人的思想工作。杨丽告诉大家，施玲很不幸，有过离婚的经历，我们应该多从她的角度去理解，学会欣赏她另外的一面。后来，杨丽所做的一切终于帮施玲重新找回了真正的自我。施玲在工作中成为了杨丽的得力助手。

故事中的杨丽宽容大度，她包容了施玲对自己的伤害，她懂得欣赏和理解施玲，让施玲感觉到温暖，从而让施玲成为自己很好的助手。职场中的人也一样，要学会欣赏同事的优点和缺点，要懂得包容，不要刻意放大别人的缺点，那样对人家是很不公平的。

谁也不希望自己受到不公平的对待，如果某天你的同事也放大你的缺点，你会怎样？不希望别人这样对你，那你就不要那样对别人。有人说：每个人都是面镜子，自己对别人什么样，别人就会对你什么样。所以凡事宽容点。

在职场中，难免有人犯错，也难免有人会在其中迷失自我。但作为旁观者应该做的，不是落井下石，而是应该及时指出，给予指正方向，不让对方沉沦。这才是正确之道。

职场中的人总会看见别人的缺点，有时候把自己弄得无法容忍，就好像一张大大的白纸上有一个小小的黑点。大家都只会注意那黑点，而不注意看其他白的部分。这是人性的缺陷和不足，但是我们应该克服，多些耐性，让对方感觉到温暖和信任。

如果别人有错，请站在他的角度想想，能原谅请原谅，能宽容请宽容，能包涵就请多包涵。

阅读思考：

1. 你能欣赏别人的长处吗？
2. 你能包容别人的短处吗？
3. 你能想到别人的好处吗？
4. 你能分担别人的难处吗？

4.心里放不下自己，是没有智慧；心里容不下别人，是没有慈悲

心是人的主宰，具有很大的力量，所以我们应该随时随地注意自己的起心动念。我们每天都要接触很多人，在频繁的接触中，难免会跟别人发生摩擦或冲突，或是因为外界事物而影响自己的心境，这是现代人普遍的困扰之一。

要想解决这些困扰，就要拥有一颗宽容心。**能付出爱心就是智，能消除烦恼就是慧。**

宽容是什么？仁者说，宽容是豁达大度，心胸开阔，待人宽厚，和颜悦色；**智者说，宽容是容常人所不能容，忍常人所不能忍，处常人所不能处；**学者说，宽容是一种雅士的风度，一种广阔的胸怀，一种崇高的境界，一种优秀的品德。综观儒家的仁政，道家的无为，佛家的慈悲，基督的博爱，无不包含着博大精深的宽容哲学。

宽容是成熟的标志。成熟的人有时也要有清浊并容的雅量，做到知而能容愚，博而能容浅，粹而能容杂。人生若棋，成熟的人

会常抱宽容之心，面对纷繁复杂的生活，能进退自如，游刃有余，不会为名所累，为利所羁，为情所困；人生若酒，成熟的人常守宽容之志，不会艳羡功名，更不会沽名钓誉，不会贪婪钱财，更不会利令智昏；人生若书，成熟的人常怀宽容之念，善于调节自己的心理，稳定自己的情绪，取舍随心，镇定自若，达到“猝然临之而不惊，无故加之而不怒”的境界。

宽容是事业的基石。有了宽容的心态，就确立了为人处世的原则，能见人之长，容人之短；见人之功，容人之过。与人相处，宽宏大量，心平气和，不居高临下、盛气凌人，不为蝇头小利斤斤计较，不为蜗角虚名耿耿于怀；有了宽容的胸怀，就领悟了“**只有宽容他人，才能提升自己**”的真谛，就能接纳别人的处世态度，理解别人的处世方法，尊重别人的处世原则，就不会以己之优势识人而漠视了贤才，以己之喜好遇人而拒绝了知己，以己之肚量度人而误解了朋友；有了宽容的美德，就具备了人格的魅力。心平如水的宽容，对生活中遇到的指责、抱怨乃至中伤，处之泰然，不会针锋相对、狂言相讥，为维护团结和友爱耐得住一时的委屈；雪中送炭的宽容，乐善好施，与人共善，济人于贫，扶人于困。基于以人为本的宽容，使人感到可亲可敬，朋友愿与其亲近，危困时患难与共。同事愿与其共事，艰难时同舟共济。良好的人际关系，既是人的立身之本，也是事业的成功之基。

宽容是快乐的源泉。**宽容朋友一时的误解，善意地予以沟通，便能使友谊之树常青；宽容同事背后的私语，闻后潇洒地付之一笑，便能增进相互之间的谅解；宽容下属无心的冒**

犯，适时地提醒点拨，便能使其自觉规范；宽容上级失察的错责，作为警示谨言慎行，便能赢得更大的信任；宽容亲人无拘无束的任性，用爱心予以包容劝导，便会使家庭阴转多云，多云转晴。世界五光十色，众生性格不同，人生道路漫长，难免磨擦磕碰，要想活得轻松，就得学会宽容，宽容占据了心房，生活就充满了阳光。

“世界上最宽阔的是海洋，比海洋更宽阔的是天空，比天空更宽阔的是人的胸怀”，文学大师雨果留给世人的警言，正是对人生的大彻大悟，对世事的悉心洞察。生活在缤纷多彩的世界里，每个人都有自己不同的个性，任何人都无法将自己的思想观念、处世原则、行为规范强加于人，而人作为社会的一分子，必须在一起共同生活、学习、工作、交往，这就需要我们学会宽容。

宽容是阳春的和风，能拂去人们心上的尘埃；宽容是盛夏的绿阴，能遮挡过激引发的争端；宽容是深秋的细雨，能熄灭纷争燃起的怒火；宽容是寒冬的阳光，能消融误解产生的冷漠。学会了宽容，就体悟了人生，冶炼了人生，就不会再为无关紧要的事争执得面红耳赤，为无伤大碍的小事大动干戈；学会了宽容，就学会了享受人生，完善人生，就不会再为名誉利益而奔走，为权力地位而疯狂。

宽容也有“度”，无边的宽容是软弱，放弃原则的宽容更会导致恶行的蔓延。大堤若宽容了蚁穴的扩展将毁于一旦，环境若宽容了污染的侵蚀将灾难重重，法律若宽容了罪犯的横行将失去威严，国家若宽容了民族的分裂将陷于战乱。宽容像一束阳光，时刻伴随着我们，每个人都应该适时地去把握，正确地去面对。

宽容是一种心胸、一种风度、一种境界、一种博爱、一种魅力。高山宽容了涓涓溪水，才有了悬崖上的飞流瀑布；天空宽容了大雨滂沱，才有了大地上的生机勃发；大海宽容了惊涛骇浪，才有了平静后的波澜壮阔。宽容是一种超脱、一种美德、一种幸福、一种快乐。

有两个同学，大学毕业一起来广州闯天下。甲很快做成了一单大生意，升为部门经理；乙业绩很差，还是一个业务员，并且是甲的手下。

乙心理不平衡，就去庙里着急地找和尚，求神明相助。和尚说：你过三年再看。三年后，他找到和尚，很沮丧地说：甲现在是总经理了。和尚说：再过三年你再看。三年又过，他又去见和尚，气急败坏地说：甲已经自己当老板了。和尚说：我也从普通和尚成为方丈了。我们都是自己，你是谁？我们都为自己活着，监管着自己的责任。你在干什么？你痛苦地为甲活着，监管着他。你丢的不是职位、金钱和面子，你丢掉了自己。

一年后，乙又来了，幸灾乐祸地说：和尚你不对，甲公司破产，坐牢了。

和尚无语，心里悲悯：坐牢了，破产了，甲还是他自己。可是你这个可怜的人啊，还不是你自己呀。

十年后，甲在监狱里服刑时，思索人生写了一本书，很轰动，成了畅销书。甲减刑，提前出狱，到处见记者，签名售书，成了很红的名人，无限风光。甲还在电视上与和尚一起，作为名人谈佛论道、感化众生。

乙在出租屋里看电视，手里翻着甲的书，内心极度痛苦。

他给和尚发短信：我相信命运了，甲坐牢都能坐出好风光来。

和尚回信给他：心里放不下自己，是没有智慧；心里容不下别人，是没有慈悲。阿弥陀佛，你还没找到自己。

乙这个人就这样一辈子把自己给弄丢了。

忌妒别人，不会给自己增加任何的好处。忌妒别人，也不可能减少别人任何的成就。一个人如果不能从内心去原谅别人，那他就永远不会心安理得。心中装满着自己的看法与想法的人，永远听不见别人的心声。

有一种说法："恨一个人就像为杀一只老鼠而烧掉自己整栋房子。"或者说："你因不喜欢自己的脸就割掉了自己的鼻子。"当我们恨某人时，我们对自己的伤害远远超过对那些惹我们生气想去报复的人。这就是为什么当我们受到他人伤害时，坏的记忆就是扩大这种伤害的最好武器。忘了它吧，继续你的生活。**"永远不要带着嫉恨，它只会在你前进的脚步中增加负担。当你总试着扯平时，你就永远不会进步"。**

事实上，如果你饶恕并忘掉你的敌人，你就能更快地达到你成功的目标。与某些人扯平只会把自己降到他的水准，但如果你宽宏大度，这就让你走在他们的前头。所以，尽快与你的敌人达成和解。"有些人饶恕他们的敌人……死的时候才可能！但为时已晚了。"

你明白吗？人们在最不配得到爱的时候却最需要爱。需要一个坚强的人去饶恕人。一个人的毅力从他能数次饶恕同一个人的行为中可以看出。你看，当我们的心里充满善意，哪里还有盛装嫉恨的地方呢？恨某人是容易的，人人都能做到这点，如果你想自己找不痛快和伤痛，你就这样干：不要宽恕那些错待你的人。但你不要忘了，**“愤怒和嫉恨就像火焰，如果你一直捧着它，它将会烧到你。”**但是，**“假如你选择饶恕他人，你就释放了一名囚徒，你发现这名囚徒就是你自己！”**为这两句话，请静下心来好好体会一分钟。

闭上眼睛好好地想想，自己是不是因为心浮气躁而搞砸过很多事？自己是不是常常被环境、被人所影响？自己是不是常常为了小事生气不放过自己？其实烦恼心未必都是不好的，事实上它是清明心的基础。因为，对于有善根的人，遇到困扰时，觉得这是一种麻烦，希望能够将它转变为宁静、清明的心，这时候，烦恼心反倒是一种助缘了。所以，如果懂得以智慧、慈悲来处理问题，心里就不会经常打结而能清明自在。那不管处身在任何的状况中都可以保持平静、稳定、自主、自在的心境。

有一个中年男子独自去看心理医生。

他在一家公司任职，原本有很大的希望晋升为业务部主管。然而，一个与他暗中竞争的同事，竟然将他以前工作中所出现的失误全部罗列出来，递交给了董事长。于是，他升职的希望，便在对方的嫉妒和攻击下暂时停摆。然后，他又告诉心理医生，最令他不能容忍的是他的妻子对他十分不理解。现在，他的精神几乎要崩溃了。听到这儿，那位医生笑着问他：“那么在你身边一定有另外一个女人理解你，是吗？”他坦诚地点了点头。

那位心理医生并没有作过多的解释，而是起身出去了一会儿。回来时，他手中多了一个细细的橡皮圈和两个带挂钩的砝码。当着男子的面，医生把那两个砝码挂在了橡皮圈上面。那两个砝码的重量，几乎把橡皮圈绷紧到了极限，如果稍一用力，就会有断裂的可能。中年男子疑惑地看着医生怪异的举动。

医生问道："那个陷害你的同事升职了吗？"

他摇了摇头。

医生继续问："那么，请你如实告诉我，你的那个同事所说的事情是否真实？"

他思忖了一会儿，回答说："应该有一半是事实吧。"

听了之后，医生就笑了，说："既然他也没有升职，而且还给你指出了那么多的不足，那么你不但不该仇视他，还应该感谢他。如果你今后把自己出现失误的地方全部做好，他还会说什么呢？"

中年男子赞同地点了点头。医生随手摘下一个砝码，橡皮圈顿时弹回去大半。

接着，医生又问："你的妻子虽然一时不理解你，但是你们之间感情的裂痕已到了无可挽救的地步了吗？"

他又摇了摇头，回答说："感情上还算过得去，至少我还有一个很乖、很争气的女儿。"

医生问："也就是说，即使另外一个女人再理解你，你暂时也不可能下定决心和她生活在一起，是吗？"

沉默了一会儿，中年男子如实地点了点头。

心理医生笑了起来，又把另一个砝码从橡皮圈上摘了下来。然后，心理医生将那个恢复原状的橡皮圈递给了他，并解释道：

“现在，你已经没有一点儿负担了，又恢复了先前的弹性，你还是那个完整无缺的‘橡皮圈’呀。”

听到这儿，中年男子才恍然大悟。是啊，只要摘下生活中那些缺少价值的砝码，我们的生命又会恢复先前的弹性！

别总是自己跟自己过不去。学会自己欣赏自己，就等于拥有了获取快乐的金钥匙。欣赏自己不是孤芳自赏，欣赏自己不是唯我独尊，欣赏自己不是自我陶醉，欣赏自己更不是固步自封。**自己给自己一些自信，自己给自己一点愉快，自己给自己一脸微笑，何愁没有人生的快乐呢？经常要自己给自己过节，学会寻找愉悦的心情。**

工作这些年，你会发现那些卓越人士总是能和身边的上司、同事愉快相处。原因就在于，卓越人士除了拥有事业心、责任心、感恩心之外，最重要的还是有一颗宽容的心。人应该学会宽容。**多一些宽容，就少一些心灵的隔膜；多一份宽容，就多一份理解；多一份信任，就多一份友爱。**

宽容也是忍耐。在工作中，上司的批评、朋友的误解，过多的争辩不足取，只有冷静、忍耐、谅解最重要。事事斤斤计较，患得患失，活得也累。人都会有伤疤，有痛苦，如果动辄去揭，便添新伤，旧痕新伤难愈合。所以要忍人所不能忍，行人所不能行，容人所不能容，处人所不能处。

任何事情不会尽善尽美，无论是“患难之交”、“亲朋好友”，还是“最佳搭档”都是相对而言的。他们的矛盾、苦恼常被掩饰在成功的光环下，而掩饰的工具恰恰是宽容。不必羡慕人家，不必苛求自己，常用宽容的眼光看世界，事业、家庭和友谊才能长久。

多一点对别人的宽容，我们生命中就会多一点空间。有朋友的人生路上，才会有关爱，才不会有孤独，有朋友的生活，才会少一点风雨，多一点阳光。

每个人都有自己的个性，每个人身上都有别人不喜欢的东西。但能成为朋友，是因为我们身上都有自个喜欢的东西。何不多一点宽容，宽容我们所不喜欢的，珍惜我们喜欢的。宽容，其实就是宽容我们自己。宽容他人时，我们也被宽容。

有一个员工和老板去餐厅吃饭。服务小姐的态度非常恶劣，脸上没有半分笑容。那个员工很生气，要投诉她，却被老板制止了。老板说，也许她失恋了，也许她刚刚被上司指责过。总之，我们应当原谅她。

“不管什么理由，她也不应该影响工作，这是她的错。”员工还愤愤不平。

“是的，”老板意味深长地说，“正是因为她全错，而你全对，才需要你的宽容。”

那个员工说了一句让老板喷饭的话：“没想到您还有傻根精神。”

“所以我是你的老板，”老板笑着说，“而你是我的员工。”

多一些感激，多一些宽容，多一些轻松。而把这些全部总结起来，就是多一些智慧，多一些慈悲。

在我们感到不痛快的时候，感到人生无望的时候，我们能不能走到窗口，去看看行色匆匆的人们，去想一想别人的痛苦。

朝窗外看的人是欢乐的！至少，在理解与宽容的世界里，有更轻松的呼吸和更新鲜的空气。

心里放不下自己，是没有智慧；心里容不下别人，是没有慈悲。

心里能安然放下自己，是一种智慧；心里能泰然容下别人，是一种慈悲。

阅读思考：

1. 问问内心的自己，你真能放下自己吗？
2. 问问内心的自己，你真能容下别人吗？
3. 哪些人，你会恨一辈子？
4. 哪些事，你会记一辈子？

第七章

用公正心去工作

1.对自己要严格自律,对别人要公平公正

2.听不到批评是一种危险,听不到奉承是一种幸运

3.品行正派的人,琢磨事;心术不止的人,琢磨人

4.心中没有成见则处事公平,心中没有自我则正大光明

什么是公正心？公正心就是对人对事不偏不倚、正直，追求公正公平公道，没有私心。

拥有公正心，就必须以一种公正廉明的心态，去做到不徇情枉法、不徇私舞弊，对人对事没有任何成见，没有任何偏见，不藏有任何心机、心计，不耍手段，只有这样才能做到公平公正、合情合理、正大光明、光明磊落、坦坦荡荡。

一个首席执行官的任务，就是一只手抓一把种子，另一只手拿一杯水和化肥，让这些种子生根发芽，茁壮成长——让你周围的人不断地成长、发展，不断地创新，而不是控制你身边的人。你要选择那些精力旺盛、能够用激情感染别人并且具有决断和执行能力的人才。不能任人唯亲，要做到这一点非用公正心不可。

——通用电气前董事长杰克·韦尔奇

1.对自己要严格自律，对别人要公平公正

身先才能率人，律己才能服人。

自古以来，宠子未有不骄，骄子未有不败的。

每个人在工作单位里都应严格自律，避免受“自宠”之害。事实上一些人还是免不了受“自宠”之害，把自己视作“特殊人物”凌驾于组织之上，放松自我要求、自我约束，拒绝和逃避组织的管理、监督。他们习惯于管人，而不习惯于管自己，管人头头是道，管己马马虎虎。有些人经得起艰难坎坷，却走不出自我，自己毁在自己手里。可见，严格自律，防止“自宠”，多么重要。

要防止“自宠”，关键是要求自己在任何时候都能自觉接受组织的严格管理和监督，摆正自己在组织里的位置，对自己严格要求。要自觉按组织的要求办事，用组织里的规章制度约束自己，明辨对与错、是与非、荣与辱、理与利、得与失的界限。要常存“慎独”之心，自觉做到自重、自省、自警、自励。只有这样，才能在思想上筑起一道拒腐防变的堤坝，才能在各种考验面前立于不

败之地，才能塑造出一名好职员的形象。

眼睛要生在心里，观察自己；嘴巴要长在心上，评论自己。这就是有公正心。

在中国的封建社会，做官是一项高风险的职业，职位越高，风险越大。三国时期东吴的顾雍却是一个特例，他高居相位十九年，最后死在任上，上自国君，下到黎民，无不感念他的功德。从顾雍的生平事迹里可以看出，对自己做到严格自律，对别人做到公平公正是他成功处世的秘诀所在。

顾雍时常到民间访察政治得失，每有好的建议，都会采用密奏的形式上报孙权，如果被采纳了，就会将功劳归之于上，如果没有采纳则秘而不宣，就像没这么回事一样。这种处处维护领导权威的做法深得孙权赏识，因而每有难题时便会派中书郎前往顾雍家中请教他。顾雍如果赞成孙权的意见，就会备下酒饭，与中书郎反复讨论，把问题研究透彻，然后再送他离开。如果不赞成孙权的意见，顾雍就会表情严肃，默然无语，什么也不预备。中书郎回去将情况报告给孙权，孙权说："顾公高兴，说明此事应该办；他不发表意见，表明办法还不稳妥，孤应该再考虑考虑。"因此，孙权每次派人去咨询顾雍，回来都不问"顾公怎么说"，而是问"你吃饭了没有"，由此他就可以知晓顾雍的意见了。

顾雍的爱子顾邵被派到豫章做太守，由于操劳过度染病而死。消息传来时他正在和下属下棋，听到这个噩耗他内心十分悲痛，但为了不打扰下属们的雅兴，他神色不变，落子依旧。他双手紧握住，指甲都把手掌刺破了，依然坚持把棋下完。等下属们都走后，顾雍再也忍不住悲痛，用毛巾捂住脸号啕大哭起来。"白发人送黑发人”历来是中国人最悲痛的事情，顾雍却为了不影响下属们娱乐，而强忍不发，这种为别人着想的耐心着实让人钦佩。

与下属相处，顾雍不以其位置低而轻贱他们，而是处处表现出平等与尊重，不以自己的私事而影响别人的情绪，在人际交往中突出对方的主体地位，跟着这样的领导干，怎么会不心情愉快，动力十足呢？

顾雍曾遭孙权晚年的宠臣吕壹陷害，吃了不少苦，后来吕壹罪行暴露，被逮捕下狱，顾雍受命前往审理。此时的吕壹穿着一身囚犯的衣服，再无往日风光。照理说顾雍面对当初曾迫害自己的仇人，是有充足的理由理直气壮的，但他却不那样，而是像对平常人一样和颜悦色地跟他对话。临走的时候，顾雍再一次问他：“你的意思都表达清楚了吗？还有什么要说的吗？”吕壹感动得只是叩头谢罪，无话可说。站立在一旁的尚书郎怀叙可受不了对罪犯的这种客气，忍不住怒气冲冲地辱骂起吕壹来，顾雍回过头来责备他说：“国家自有法律惩罚他，何必这样骂人呢？”

与犯罪的人相处，顾雍同样展示出了他的处世风格。一个人犯了罪，法律会制裁他，但在人格上却不能蔑视他。这是一种难能可贵的人文关怀。

对别人公平公正，突显了别人的存在，反过来就是淡化了自己，处在了无我的境地。孙权封他为侯，登上了宰相的高位，对一般人来说，这巨大的荣耀，不满世界嚷嚷遍了才怪。可顾雍淡然处之，与往常无异，过了好长时间，家里人还是从别人嘴里知道了这件事。人就是这样，心的空间有限，把自己看得太高了，太重了，别人就没地方放了；反之，如果把别人看得高了，摆得重了，自己的空间虽然狭小了，但却可以在别人的心里赢得一个高大的位置。顾雍就是这样在历史上留下了他美好的名声。

我们在做事情之前，不能有任何私心，必须有“事情必须办得圆满，得失必须放得宽平”的良好心态。事情办得圆满，才有成功的可能，生命才能闪光；得失看得宽平，才能心无杂念，人生才会快乐。私心太重，是难以做好事情的。

一个人如果凡事敷衍应付，得过且过，那么就容易失败。凡事糊弄自己，等于无知地残杀自己。凡事斤斤计较，损人利己，等于自绝后路。凡事算计别人，等于愚昧地孤立自己。假如一个人能真正感悟到“严于律己，公正对人”的重要性，那么他就会赢得别人的尊重和支持，他的人生之路会越走越宽广。

阅读思考：

1. 你是个有公正心的人吗？
2. 办公事时有利益可得，你会动私心吗？
3. 对哪些人、哪些事你能做到公平公正？

2.听不到批评是一种危险，听不到奉承是一种幸运

人的两只眼睛，全是平行的，但却不平等看人。人的两只耳朵是分在两边的，却总好偏听一面之词。人只有一张嘴，却总能说出两面话。

只会夸奖我们，赞叹我们的，这都不是明师；能批评我们，启示我们的，这才是明师，有了他们，我们才会进步。

世界上没有一个永远不被诽谤的人，也没有一个永远被赞叹的人。当你话多的时候，别人要批评你，当你话少的时候，别人也要批评你，当你沉默的时候，别人还是要批评你。在这个世界上，没有一个人是不被批评的。

一个人为了维护自己的面子和自尊，或担心缺点和错误被人看穿，影响自己的成功和发展，常常就会有意无意地以种种方式来拒绝、逃避批评，很少有人会真正地把批评看做是针对自己的行为而不是人格。即使是“忠言”，听起来也“逆耳”。

从理智上说，没有多少人不懂得“人无完人”的道理，也没有

多少人不知道对待批评应本着“有则改之，无则加勉”的态度。平时，我们不难听到或看到人家使用“欢迎批评”一类的词语，甚至自己也不止一次地用过。但实际上，一旦有人真正提出批评时，受批评者往往就会像遇到电击一样立即缩回，采取拒绝、逃避的形式为自己辩护。**当你的错误显露时，可不要发脾气，别以为任性或吵闹，可以隐藏或克服你的缺点。勇于接受别人的批评，正好可以纠正自己的缺点。**

小胡以优异的成绩毕业于一所名牌大学，他刚毕业就被一家知名企业录用，在他进公司的那天，公司特意为他举办了欢迎大会。

小胡没想到公司对自己这么器重，一下子变得有些趾高气昂。

因为小胡是名牌大学热门专业毕业，公司确实很器重他，为了把他培养成高端人才，给了他一个技术总监助理的职位，他非常满意地接受了。公司里有些同事比较势利，时不时会在不同场合奉承他。他觉得很受用。小胡开始有些目中无人了。

工作不到一个月，小胡便对人指手划脚，对一些元老级员工，他从不放在眼里。有时候关于一些技术性的问题，有人给他提出建议和忠告，他不但不接受，反而轻蔑一笑，认为别人是在故意批评他的能力不足。别人一看他这样骄横，也不愿跟他再多作解释。

公司实行岗位末位淘汰制，每隔一个季度举办一次裁员测试，测试内容分笔试与操作。因为小胡的专业知识比较扎实，笔试部分他顺利过关；同他一起参加操作考试的还有几个新员工，那几个新员工都是普通高校毕业，他听到这个消息后，很不屑，他自认为名牌大学毕业生永远高人一等。

然而，在操作考试中，他碰到的都是以前在学校没学到的，仅凭自己的思路，他草草地完成了测评。

在公司公布裁员结果时，另外几位新员工顺利留下，而小胡却遗憾地被裁掉了。

他心有不甘地找到技术总监，在他认为，公司需要的是人才而不是劳力，而技术总监送给他的忠告是："在任何时候任何地方，都要靠真才实学才能立足，如果你有真才实学，更要切记，听不到批评是一种危险，听不到奉承是一种幸运。"

常人都乐意听好话、听表扬、听奉承话、听恭维的话、听鼓励的话、听抬举的话。听到这些话，不论是当面听到还是背后听到，也不论这些话是真的还是假的，也不管说这些话的人是真心善意的还是虚情假意的或是恶意的，都喜欢听。也不论他是这话的直接发出者还是转述者，你都喜欢他，你总觉得顺耳顺心，心中舒服，脸上有光。

与此相反，常人总是讨厌听批评、指责的话，讨厌听指出自己失误的话。不论这些话是当面听到还是背后听到，也不论这些话是真的还是假的，也不管说这些话的人是真心善意的还是有意中伤的都讨厌，都不愿意听到。他们如果是这些话的直接发出者你会讨厌他，恨他，甚至可能恨他一辈子。他如果是这些话的转述者，你也可能讨厌他、恨他，认为他是赞同这些话的。听到这些话总觉得逆耳堵心，心中不愉快，脸上挂不住。

殊不知这正是常人常犯的一种错误，一种由心理脆弱或无自知之明，或追求虚荣所导致的一种错误。

面对批评和赞扬，人们近乎本能地拒绝前者而喜欢后者。这除了可能是批评者缺乏批评艺术的原因外，更主要的是批评和赞扬的本身会使人产生两种相反的心理反应。当一个人受到批评时，往往会觉得丢脸、难堪、悲伤、恼火而生气，而在得到赞扬时，会有振作、兴奋、自豪、惬意、快乐的感受。因此，人们一般不会认为挨批评是件舒服的事。

这种经历和体验，你、我、他大概都不陌生吧！面对批评，人们脑子里首先想到的多半不是自己的过错，而是“大家跟我差不多，你为什么单和我过不去”；“你不拿镜子照照自己，有什么权利批评我”；“我哪里得罪了你，你何必这样”；“你无情，别怪我无义”等一类的反应。

因此，如果批评者是你的上司，你即使不便顶撞几句，也可能耿耿于怀，在工作中消极抵抗；如果批评者是你的同事，你即使不大发雷霆，也可能会报以讽刺、挖苦，或伺机找茬；如果批评者是你的同学或朋友，你即使不和他争吵一番，也可能会责怪对方背叛了你，并把你们之间的情谊打上句号。

然而，不幸的是，拒绝批评并非意味着可以免受批评，而且还会失去许多忠言善意的劝告，以及可能断送他人对自己的信任和友谊。一个人如果老是拒绝批评，那就无异于说自己以“完人”自居。这显然害多益少。

走出这一陷阱的办法，单靠笼统地告诫自己下次要虚心接受批评是缺乏约束力的，而应该把问题具体化，并分三步来解决。

第一步，要耐心倾听批评

当别人对自己提出批评时，你既不要急于反驳、辩解，或阻止，或拂袖而去，也不要嬉皮笑脸，满不在乎，或漫不经心，假装糊涂。既不要轻易断言批评者怀有恶意、敌意，居心不良，或故意挑剔，对人不对事而大动肝火，也不要惊惶失措、再三道歉，或无地自容，低声下气，把自己看得一文不值。而应该保持自然大方的表情和姿势，认真而耐心地听完对方的批评，然后用自己的话简明地概括出他批评的大意，并问他是不是这个意思，还有什么要补充的。

在倾听批评的过程中，如果你感到自己快忍不住了，可立即这样提醒自己："我非完人，别逃避，别发火，别害怕，听完再说。"当然，刚开始这样做的时候，你也许会觉得不习惯，甚至感到委屈、窝囊。这是可以理解的。

一般说来，批评者并不能从批评中获得什么好处。相反，可能还有所失。如果他提出的批评是诚恳、善意的，则利于你改正缺点或错误；相反，如果他出于恶意、敌意、动机不良，那他便暴露了自己，便于你早做准备并寻找对策。怕就怕别人对你早有意见，心怀不满，表面上又对你一副笑容，明着赞扬，却在背后搞鬼，或在关键时刻突然对你发难。

第二步，要学会接受批评

要是你无法容忍别人的批评，惯于采取这样或那样的方法拒绝、逃避批评，那么，将心比心，你就明白自己没有批评人家的权利。因此，首先要有能够接受批评的胸怀。其次，要有接受批评的勇气。

如果别人发现了你的缺点、错误，批评得有道理，你不要拒绝人家的好意，更不必担忧接受批评便矮人一等。拿出勇气改正自己的缺点和错误，你下次也许就不会出现类似的差错了。

第三步，要有接受批评的智慧

要是别人批评得有道理，但方式、方法不对，你可以把它改为自己可以接受的方式、方法来理解；如果别人批评错了，你也宜先表示谢意，然后再做必要的解释。

至于对那些为了发泄个人的嫉妒、怨恨，纠缠早已结束的往事，或怀有其他恶意的批评者，你当然既有权提出警告，也有权拒绝接受。

喜欢听赞美是每个人的天性。忠言逆耳，当人家对着自己狠狠数落一番时，不管那些批评如何正确，大多数人内心都会感到不舒服，有些人更会拂袖而去，连表面的礼貌也不愿做，令提意见的人尴尬万分。下一次就算你犯更大的错，相信也没有人敢劝告你，这岂不是你最大的损失？

对于逆耳之言，批评之声，很多人都不爱听，听起来如芒刺在背，令人难以接受，可它正是我们所需要的“苦口良药”。逆耳之言有两种：一种是无端的指责，一种是刺耳的忠告。对于前者，虽有辩白解释或回击的必要，但也可从侧面或反面使自己深思。鲁迅就是常常从无端的指责中，坚定自己的方向，修正自己的方法。对于后者，既是忠告，但也不容易听进去，甚至产生反感，以至常常会把朋友当仇人。

美国前总统罗斯福说：“谦虚接受人家的批评，好好反省，努力改进，消除恶习与弱点，是每个人应该学习的功课。”如果你总是觉得听到人家指出自己的错误是一种耻辱，令你无地自容，终而恼羞成怒，以下有一些建议，或许能助你克服这种心理上的障碍，慢慢懂得从批评中吸取教训。

这些建议是：

①世界上没有一个完美的人，所以你不必介怀人家的批评。你的弱点无损你的价值，无须一概以敌视的态度对待意见与你相左的人。

②如果别人对你的工作表现颇有微词，你知道人家是针对事情提出意见，而不是故意与你作对。

③千万别把"我的工作不被接受"，解释为"我不被接受"。

④听到人家对你的批评后，暂且不要马上反唇相讥。你应回去好好想一想，看看对方是否真的是恶意中伤，抑或只是说出真相。

⑤假若你对人家的批评半信半疑，不妨多跟几个朋友倾谈，客观听取别人的意见，你会对自己有更深刻的了解。

⑥如果你觉得人家误解了你，你不必与对方发生争执，只需把你的意见说出来，保持心平气和，批评便再也不能影响你了。

阅读思考：

1. 你经常受到哪些方面的批评？
2. 哪些人经常奉承你？
3. 你能真正做到虚心接受批评吗？
4. 你会不会提防经常奉承你的人？

3.品行正派的人，琢磨事；心术不正的人，琢磨人

知道看人背后的是君子；知道背后看人的是小人。

机关单位里有句行话叫“君子做事，小人做人。”小人做人是指他们把主要精力放在琢磨人上面。比如哪位领导有什么背景、隐私，喜好憎恶，家住哪里、家人姓甚名谁、电话是多少，最近有什么升迁、喜庆的事情，等等。仿佛是领导身边的潜伏者。至于其他人，谁跟谁是一派的、谁是他的竞争对手、谁有什么家世背景、谁有什么隐私，他简直无所不知、无所不晓。然后他有目的、有选择地溜须拍马，投靠派系。这些人，不是脚踏实地、专心致志地工作，而是总想走“终南捷径”，投机取巧，专干些讨好领导的“营生”。“琢磨”领导的人，一般都了解领导的喜好厌恶，说话行事时，就能根据这些喜好厌恶见风使舵，自然能讨得领导欢心。事实上，任何一家单位、任何一个领导，都忌讳琢磨人的人，他们把这些人归为心术不正之人，总是敬而远之，不但不会重用他们，甚至会果断地把他们扫地出门。

心是个口袋，东西装少点叫心灵，多一点叫心眼，再多一点时叫心计，更多时叫心机。

品行正派的人，琢磨事；心术不正的人，琢磨人。喜欢琢磨人的人，看起来是事半功倍，其实是事倍功半，甚至得不偿失，断送前程。

白凯和楚正明同时一起被一家商贸公司录用做销售工作。楚正明言语不多，在公司时，他上网收集资料，和客户电话沟通，和同事谈的大多是工作。相比之下，白凯则显得八面玲珑：夸女同事衣服好看，与男同事称兄道弟，更不忘抽时间陪部门经理"搓搓麻将"，似乎颇有人缘。他也因此了解了颇多"内幕"：某某是靠谁的关系进了公司，某某的奖金发了多少。

随着时间的推移，楚正明的业绩开始领先于白凯，同样是提出方案，大家对楚正明的方案讨论得很详细，对白凯的方案则往往"一笔带过"。就这样，总经理对楚正明赞赏有加，一年后，楚正明就得到了提升，成为了销售部副经理。而白凯虽然跟公司里很多人"关系"不错，但实际上却是人见人嫌。因为公司的工作岗位是实行末位淘汰制，而白凯的业绩老上不去，所以最后白凯不得不离开公司。

白凯和楚正明同时进入公司，一年后，境遇大不相同，一个担当重任，一个却离开公司。提起这两个职员的经历，公司人事部经理感慨道："在公司里，不管是谁，首要任务是充实自己，干好工作，做出成绩，而不要把太多精力和时间花在猜忌上司和领导上。应多琢磨事，少琢磨人。"

喜欢琢磨人，大概也是中国人的一大传统、一大特色。《红楼梦》里的林黛玉就是一个心眼太多之人：今天想宝哥哥怎么和我说了一句赌气话呢？明天想宝姑娘怎么又有事没事往宝哥哥跟前凑呢？后天又被史姑娘调笑宝哥哥的一句话吓了一跳，回潇湘馆琢磨得一夜睡不着。因为胡乱猜测，反而把人际关系搞得十分紧张。

其实人是不可琢磨的，琢磨人是最得不偿失的。人是什么？人是世界上最复杂的动物，每个人各有不同，各具个性。人总是在巧妙地掩饰自己。另外人还具有多面性，所以说人是琢磨不透的。为此你可以做任何事情，但千万不要去研究人！所谓人心叵测，说的就是那些绞尽脑汁去研究别人心理的人。

再说，一个人如果每天都在揣摩领导的心理，观察领导的脸色，领导咳嗽一声，心里都要跳几下，不落得个心力交瘁的下场才怪呢！俄国著名作家契诃夫的小说《小公务员之死》，讲的就是一个小官吏，不小心打喷嚏喷到一个大人物身上，道歉后还成天揣摩人家的心理，一会儿认为人家会对他这样，一会儿又认为人家会对他那样，结果被吓死的故事。

不要刻意去猜测他人的想法，如果你没有智慧与经验的正确判断，通常都会有错误发生。

不要跟同事八卦，在任何一家单位里最不需要的是无事生非、挑拨离间的员工。也不要在办公室里搞小圈圈，任何一家单位最需要的是充满工作热情、团结互助的员工。正面的工作态度能够激励整个团队。不要抱怨也不要怪罪别人，把重心放在能做什么，而不是不能做什么。

刚刚大学毕业的姚静在学校举办的招聘会上被广州一家生产、销售箱包的公司录用。

当时面试姚静的人事部任经理跟她说："公司现在很需要人才，所以我们希望你能尽快来报到。"

姚静分析了自身的情况，她们学校也不是名牌大学，自己的毕业成绩算不上特别好，她也没有什么突出的特长，再加上自己又是没有工作经验的菜鸟，如果广州那家公司是大公司，公司里人才济济，竞争肯定很激烈，自己得不到发展的机会很大。现在的情况是，广州这家箱包公司规模不是很大，但毕竟一去就有发挥的机会，对于像她这样的毕业生来说，应该说比较适合。而且人事部任经理都说缺人了，她去的话，应该会有不错的发展。虽然在网上找不到多少关于这家公司的相关资料，自己对广州也不熟悉，也没有亲人、朋友在那边可以打听，但是姚静还是满怀希望乘着火车，风尘仆仆赶到广州。

姚静出了广州火车站，发现公司原先安排来接她的人却没来，她打电话给公司，公司那边说你自己过来吧，也不难找。姚静花了3个小时才找到公司。公司比她想象的要小一点，人也要少一点，她直接找到人事部，人事部的方娜走向她，问："你是姚静吧，任经理出去办事了，交代我接待你。跟我来吧。"

当天晚上睡在公司的员工宿舍里，姚静心想，有很多地方不如想象中好！心里有点忐忑不安了。但她又安慰自己，也许熟悉了就好了。

姚静就这样开始上班了。

公司做箱包，主要做国内市场，不过公司让姚静做网页翻译，简单地说，就是公司虽然做的是国内市场，但是国际化是潮流和大趋势，所以要做一个中英文网页，方便宣传。

姚静问人事部的方娜："看英文网页的人会多吗？"姚静当时心里想的是，应该有人看的吧，不然要我来做什么呢？

方娜笑了一下："你做就是了。"姚静心想，我问多了。于是埋头翻译，她加班做英文网页。

有一天姚静加班很晚才离开，隔壁办公室的秦珊在电梯看到她，说："你怎么这么拼命啊。"姚静说："还好啊，工作嘛，总要做好才安心。"

秦珊看了她好几眼，才说："看你这么尽心，真不忍心告诉你。不过，他们太过分了，把你骗来，还什么都不跟你说。"

姚静心里咯噔一下，第一天被晾在火车站的尴尬情景，马上浮现在脑海。

"公司做得很差啦，什么英文网页，都是上面的人在瞎想，我们所有的产品都卖给国内，他们要做英文网面，只是装潢门面而已，根本没有一个外国客户。"

姚静有点懵了，没说话。秦珊继续说："你都不知道，以前也招了两个翻译来，结果没事给人家做，就辞掉了。现在又把你招来，真不知道那些人是怎么想的，根本就是对你不负责嘛！"

晚上，姚静一直在想秦珊的话是真是假。如果用不着我的话，又把我招聘来，让我错过别的机会，公司的做法确实是对我不负责。后来，她又想，既来之则安之，先好好工作吧。

过了几天，姚静跟公司的人熟一点儿了，同事方娜跟她说："我们公司这几年发展势头很好，一直是赢利的，所以年终奖金还不错，劳动节、国庆节都会安排集体旅游，发展机会很好哦。"

姚静心里安慰一点儿了，心想，应该总是好的方面多吧。

可是秦珊每次见到姚静，都要跟她说一些公司不好的东西。姚静慢慢知道哪两个经理私底下斗得厉害，谁想升职，谁工作了很多年业绩一直也没起色什么的。有时观察一下，也的确如秦珊所说。

姚静有点郁闷。心里老在想，秦珊和方娜她们谁说的是假话谁说的是真话呢?

这样过了几周，姚静心里总是不踏实，心情就开始浮躁起来。她也不好跟同事直接打听，她就找以前的一个学长问，请教他自己该怎么办。学长比姚静早一年毕业，在学校时蛮照顾她的，现在在深圳工作，干得很不错。

听姚静诉完苦，学长就笑了："其实他们都是对的啊!给你讲个故事，有三个很优秀的人，到一家大公司应聘，最后决战时刻，大家都在想，该怎么打败其他两人，取得最后胜利?结果呢，其中一个人别出心裁，在最后的关键时刻说，其实我也有某某缺点，如果公司聘用我，那就尽量避开我的短处，可以避免不必要的损失……结果这个人被录取了。"

姚静不解："这和我的烦恼有什么关系？"

学长解释："当然有关系，其实换个位置，也是一样的啊！一个看上去什么都好的公司，你真的就安心吗？知道公司好在哪里，不好在哪里，你不也可以尽量避免开吗？你觉得公司仍然有适合你的地方，就好好干啊！你觉得不符合你的追求，不对你胃口，你也可以早点调整自己。"

姚静一听恍然大悟，她安心了。知道公司除了销售业绩不错，年终奖金不错，但也还有别的缺点。其实这才是一个真实的公司。就好像知道一个人的优点还有缺点，才好真正去相处。关键是了解自己想得到什么。姚静喜欢埋头做自己的事，而公司也喜欢她这样。

秦珊两个月后离开了公司，她跟姚静说她辞职了，要去另一家公司工作，那边薪水高。公司里却另有传言，说秦珊是被老板炒掉了。

姚静已经有了主心骨，做自己该做的工作。姚静给秦珊发短信，希望她以后会有好的发展。秦珊回给姚静一条短信：你的性格安静，其实公司蛮适合你的。

姚静看着短信，笑了。

内心充满忌妒，心中不坦白，言语不正的人，不能算是一位五官端正的人。

不要在同事面前说别的同事，因为你们都是同一根绳子上的蚂蚱；不要在上司面前诋毁同事；因为上司远比你聪明；不要在同事面前表达对上司的不满，因为这是同事向上司表现忠诚的最好机会；不要在更高的上司面前埋怨顶头上司，因为他们合作的利益远大过你。

阅读思考：

1. 问问自己，真是一个品行端正的人吗？
2. 问问自己，会不会成为一个心术不正的人？
3. 你是个有心计的人，还是一个有心机的人？

4.心中没有成见则处事公平，心中没有自我则正大光明

一个人在工作和生活中，如果总是对人对事抱有成见，甚至是偏见的话，为人处事肯定不能做到公平公正。对人对事心中有成见和偏见，就只会记得别人曾经的缺点和毛病，内心深处总是想起过去不好的事情，无法释怀，根本就不能抱有公正之心，所以不能做到公平公正。内心中总是以自我为中心，就会有私心，一个常怀私心的人，做起事来就不能正大光明。

如果要你放下对别人的成见，主要还是要调整自己的心态。想想这个人哪里你看着不顺眼了，是一些个性问题，还是一些缺点，还是言行什么的。然后想想他让你不舒服的地方有没有影响到你，如果你看不顺眼的地方并没有打扰和影响到你，那又何必对那个人有成见呢?有成见就说明你还是比较在意这个人，如果你不在意他又何必关注他呢？能原谅的就原谅吧，谁没有缺点呢？

人在任何时候都不要被固有的思维束缚，如果一味固执己

见，将阻碍自身向前发展。

唐代大理寺少卿戴胄，办事向来公平。一次，唐太宗李世民的大舅子、长孙皇后之兄长孙无忌带刀入宫，宫门口站岗的监门校尉并未发现。按照《唐律》，长孙无忌和监门校尉都犯了法。可是，当朝宰相封德彝却说："无忌是一时疏忽，不能算犯法。校尉太过大意，应该杀头。"唐太宗闻言，居然同意照办。这时，戴胄挺身而出，明确表示这样量刑不公。他说："无忌带刀入宫，校尉没有发觉，两方面都是由于一时疏忽。如果量刑，应一视同仁，怎么能重此轻彼呢？"戴胄说得理直气壮，有根有据，唐太宗只好答应重新商议。

当再次商议时，封德彝仍力主原判，戴胄便据理辩驳，寸步不让，坚决要求据法重新判决。唐太宗觉得戴胄说得有理，终于接受他的意见，将长孙无忌和校尉都予免罪。长孙无忌乃"国舅"，功绩卓著，开国元勋；封德彝是当朝宰相，大权在握，更有皇帝偏袒。而监门校尉，不过是个皇宫门口站岗的小吏而已，就连戴胄自己也不过相当于今天的最高法院副院长罢了。可是戴胄不畏权贵，秉公直言，坚持公平断案，实属不易。正因为他态度公平合理，唐太宗最终才采纳了他的意见。

怀抱公正公平之心，不仅是处世的必需，做人做事的准则，还是一个人德高品正的表现。尤其是身为执法人员或领导人，办事若能大公无私，就会获得群众与部属的敬重和信任。倘若办事不公平，偏袒喜欢的人，或者趋炎附势，便会败坏风气，破坏正常秩序。因此，公平是待人处世的一个重要课题，切不可等闲视之。

在生活和工作中，我们都难免碰到无事生非、制造谣言、嫉贤妒能、偏听偏信的人，以及各种以权谋私、以势压人、阴谋诡计、欺骗虚伪等事情。也许你确实是与人为善，但是你的善未必能换回来善，需知客观上任何创造性都是对平庸的挑战，任何机敏和智慧都在反衬着愚蠢和蛮横。

人们在碰到不尽如人意的人和事以后常常会感叹世情的淡薄、人心的险恶。然而，应该如何对付这种险情呢？

①**不要以痛恨对恶**。以为自己与自己的小圈子乃清白的天使，以为周围的一切人是魔鬼和恶棍，于是整天咬牙切齿、苦大仇深、气迷心窍，这是不可取的。因为以痛恨对恶，本身就已经恶了，本身就已经与他或她心目中的魔鬼、恶棍无大异了，趋同了。

②**不要以疑对恶**。疑神疑鬼，嘀嘀咕咕，遮遮掩掩，患得患失，犹豫不决，生怕吃亏上当，总觉得四面楚歌，结果可能你少吃了两次亏，但失掉了许多朋友和机会，失掉了大度和信心，失掉了本来有所作为的可能。

③**不要以大言对恶**。以煽情对恶，以悲情“秀”对恶：言必称险恶；言必骂世人皆恶我独善，世人皆浊我独清；言必横扫千军如卷席，这些做法都是不可取的。

④**不要以消极对恶**。一辈子唠唠叨叨，神经兮兮，黏黏糊糊，诉不完的苦，生不完的气，发不完的牢骚，埋怨不完的“客观”，结果到了生命的最后一息，已经一事无成，还在怨天尤人。

那么，我们能不能做到保持清净更保持稳定，保持操守更保持好心情，保持正义感更保持理性，保持有所不为有所不信更保持与人为善呢？许多时候，你的绝大多数同事还是好的，至少是比较好的。而多数情况下，绝大多数人，他们对待你的态度取决于你对他们的态度。至于说到他们的毛病，不见得一定比你多。无论如何，我们可以努力做到使自己变成一个和善、安定、团结、文明的人。我们可以努力做到心平气和、冷静理智、谦恭有礼、助人为乐，而不是急火攻心、暴躁偏执、盛气凌人、四面树敌。甚至对那些或某一位对你确实是心怀敌意乃至已经不择手段地伤害你的同事，你也可以反躬自问，自己有什么毛病？过去是否伤害过他（或她）？有没有可能消除误解，化“敌”为友？还要设身处地想想对方是否也有情可原。

从长远看，一切个人的嫉恨、怨毒，一切鼓噪生事，一切签名告状、流言蜚语，在一个大气候相对稳定的形势下，作用十分有限。你见怪不怪，其怪自败。你大可以正常生活、工作，平稳反应，保持良好心态，不受干扰，让各种事务按部就班地进行。

阅读思考：

1. 问问自己，对哪些人有成见、偏见？
2. 问问自己，是不是一个以自我为中心的人？
3. 想不想让自己为人正大光明，处事公平公正？

第八章

用平常心去工作

1.平常心不等于平庸心

2.用平常心看待职位和薪水

3.拥有平常心，就会拿得起，放得下

4.事事平常心，事事皆平常；人人平常心，人人不平常什么是平常心？所谓平常心，就是人们在工作、生活中处理周围事物的一种平和的心态。保持一颗平常心，就是保持一种轻松、平和的心态，平常心是一种“宠辱不惊、去留无意”的境界，是一种“不以物喜、不以己悲”的情怀，是一种“胜不骄、败不馁”的精神。拥有平常心的人宽容、乐观、豁达，不虚荣、不虚伪、不虚假，做人光明磊落，做事坦坦荡荡。

人是有差距的，要承认差距存在，一个人对自己所处的环境，要有满足感，不要不断地攀比，要保持一颗平常心。对自己付出的努力没有一种满足感，就会不断地折磨自己，让自己痛苦，这是生在福中不知福。这不是宿命，宿命是人知道差距后，而不努力去改变。

——华为公司创始人任正非

1.平常心不等于平庸心

平常心是让自己在为人处事时始终保持合情、合理、合法的正常心态。而平庸心则是不思进取，无所事事的慵懒心态。

平常不等于平庸，平常人不一定是无能之辈。只要自己奋斗了，即使机会与己无缘，也不要以为生不逢时，苍天不公。要找准自己的位置，在工作中学会工作，在生活中学会生活，以平常人的心态照样过得有滋有味。平常心并不是无远大志向，而是要保持一种平静的心境，才能感受美好的人生，才能干出更大的事业。

平常心，与平庸心无关，是以平淡的心看待个人得失，不张狂，不消沉，不气馁，不浮躁，不急功近利。平常心，是宁愿独守着简朴的生活，谢绝金钱名利的诱惑；是在纷纷世事中对自己高贵品格坚守的那份执著；是淡化了物欲后对生活更加热爱的那份真挚情感；是看遍风起云涌后的泰然自若和淡定从容；是走向成功的坚定的步伐和信念！

正如《幽窗小记》中的一副对联：宠辱不惊，看庭前花开花落；去留无意，望天空云卷云舒。我们要保持不以物喜，不以己悲的心态，抛开金钱、名利、虚荣等层层无形的不堪重负的精神枷锁，才能真正地享受到精神上高层次的自由和快乐！

谭宜婷大学毕业后到一家软件公司应聘，职位是前台。

好多朋友不解，在学校里一向成绩优异、事事领先的谭宜婷，怎么会甘心做前台这样平庸的工作？其实谭宜婷早就听人说过，要想在公司里干好，从前台做起是最明智的选择，前台虽小，其中的学问却大着呢。

虽说已经做好心理准备，前台的工作依然让谭宜婷手忙脚乱。接听电话，签收快件，订餐送水，迎送宾客，还有其他乱七八糟的事，往往一忙就是大半天，连口水也顾不上喝。虽然工作很忙，但是谭宜婷从来不急躁，用心将工作做到尽善尽美。时间久了，大家都知道谭宜婷是个工作很用心的人。

有一天，正当谭宜婷在打印资料准备迎接大客户拜访时，市场部李经理怒气冲冲地向她走来，“啪”的一下，将她订好的飞机票摔到台面上。“跟你说了多少遍，我要12号的机票，你偏给我订了14号的！”谭宜婷一愣，最初李经理明明交代自己订14号的机票呀，而且他写的便签纸还贴在自己的备忘本里。正当谭宜婷准备解释时，公司老总带着一位大客户走了进来。

看着吵吵嚷嚷的市场部经理，公司老总眉头一皱。原本已拿出备忘本的谭宜婷马上道歉，同时将客户迎进会议室。谭宜婷倒好茶水退出来后，几位同事纷纷为她抱不平：“市场部李经理向来目中无人，刚才就该将他写的便签条摔在他脸上，在老总面前出出他的丑。”

略微平静后，谭宜婷说:“这怎么可以，刚才不只是老总在场，还有重要客户看着呢。要是争执起来会让人家觉得咱们公司管理不善……”话没说完，就听到送走客户的公司老总说:“小谭做得很对，哪怕自己受点儿委屈，也要维护公司形象。”

不久，市场部需要一位助理。市场部李经理找到谭宜婷，问她是否愿意做他的助理。对于上次的误会，事后他虽然明白是自己错了，但一直没有给谭宜婷道歉，因此在谭宜婷面前有些不好意思，但谭宜婷仍像以前一样对他笑脸相迎。同事都劝谭宜婷不要去做那个助理，市场助理比前台工作量大不说，薪水还高不了多少。谭宜婷认真地想了想，却同意了。有同事发出感慨:“小谭呀，你就等着市场部经理欺负你吧。”

从前台做到市场部经理助理，看似一小跳，工作量却是骤然加大了。每天要处理大量枯燥的客户资料、审核统计销售数字、起草策划各项标书等，谭宜婷不敢有丝毫懈怠，更加精益求精地工作。为了更好地与台湾客户沟通，谭宜婷私下学习闽南语；各项繁乱、枯燥的销售指标，她背得滚瓜烂熟以至于随时可以脱口而出……谭宜婷的表现让挑剔的一连换了四五个助理的市场部李经理也连连称赞。

年终，市场部开庆功会。市场部人员都说他们的成绩有谭宜婷的一半功劳。李经理端着酒杯来到谭宜婷面前，说:“当初找你做助理，其实是老总的意见。看来老总没看错人，你很有韧性，是个可塑之才。”

之后的日子，随着公司内部人事不断调动，谭宜婷先后在研发部、企划部、工程部做过不同的职位。两年后，当谭宜婷熟悉了公司各个部门的工作流程和事项后，公司老总将她叫到他的面前问:“有没有兴趣做行政总监一职？”

谭宜婷欣喜而又郑重地点了点头。很快，她就晋升为行政总监。

以一颗平常的心做一个平常的人更幸福，更能体会出人生的韵味。不合实际地设想自己的奋斗目标，规划自己的人生蓝图，往往会适得其反、事与愿违，导致的后果是怨天尤人，使本来平静的心不再平静，甚至会做出傻事。以平常心去对待人和事，问题都能得到一个圆满的结局。

那么如何才能拥有一颗平常心呢？

①**把名利看得淡一些**。名利与我们每个人都有关系，对名利适度的追求，既无妨碍，也是人之常情，可是过分的追求名利，会给人带来无穷的烦恼，是不可取的。有人说，人间有“三苦”：一是你得不到，所以你痛苦；二是你付出了许多代价，得到了，却发现不过如此，所以你觉得痛苦；三是你轻易放弃了，后来却发现，原来它在你生命中是那么的重要，所以你觉得痛苦。同时，也有“三乐”：一是你得到了，所以你快乐；二是你付出了许多代价，最终得到了，并且它是值得的，所以你快乐；三是你很快放弃了没有必要的负担，所以你快乐。“三苦”、“三乐”中道出了许多人生真谛，它告诫我们要尽量把个人的名利、荣辱看得淡一些，防止这些东西干扰正常的学习、工作和生活。

②**把职责使命看得重一些**。保持平常之心并非保持平庸，也不是孔乙己式的自我安慰，为的是争取更大的进步，作出更好的

成绩；主张要有“平常心”，也不是提倡安于现状，更不是提倡得过且过、不思进取，“平常心”同“进取心”不是对立的，而是相辅相成的，既要在进取中保持平常心，又要在平常心中积极进取。既然单位为我们每个人都提供了发挥才能、展示自我的机会，我们就要自觉把岗位当平台，凝神聚气，把工作的每一天当做一种心灵的历练。在工作中练就一颗平常心，在工作中找到快乐，相信“一份耕耘一份收获、付出总有回报”，努力以良好的业绩来赢得单位和领导的认可。

③把个人目标定得准一些。正确认识和评价自己，是一个人成熟的标志之一。有一句诗说得好：“把自己当做泥土吧！老是把自己当做珍珠，就时时有被埋没的痛苦。”保持平常心就是要客观地评价自己，正确地认识自己，要清楚自己的优点和缺点，认识自己的所能、所缺，不断地充实和完善自己。每个人对自己的期望和目标要力求“现实”，切忌过高和脱离实际，这样才能保持一份从容和淡定。

但愿人人都能以一颗平常之心面对工作、生活和未来，审视自我，笑对人生！

阅读思考：

1. 你有没有平常心？
2. 哪些事，你能看得开？
3. 做什么事你能从容、淡定？

2.用平常心看待职位和薪水

人在职场，要培养一种平常心。职场里的平常心，就是为人不争，有功不抢。

这里所说的不争不抢，不是什么都不做，而是要有原则地把欲望控制在“知足”之内，根据自己的能力，根据自己的实际资源来期望自己，协调好工作和生活的关系，不要成为“要职位不要生活”的工作狂。同时要切忌和同事攀比职位，攀比薪水，要在竞争中培养欣赏别人的气度，保持心理稳定，避免情绪大起大落。要知道“天外有天，人外有人”，只看到自身的优点是不够的，要学会用欣赏的眼光去看待别人，找出自己的不足，尽可能地弥补自己，提高自己。

人活在世上应该是件快乐的事情，最可怕的不是别人为难你，而是自己为难自己。同事之间各有长短，如果在所有的方面都要争拿第一，拿自己的缺点与别人的优点比，必然会比得垂头丧气，信心全无，这样的人又怎么会快乐得起来呢？

职场中有很多人都认为，在工作中一定要突出自己的能力，只有这样才能坐稳自己的位置。因此，在工作中处处争强好斗，而且总爱把别人比下去，把自己的能耐表现出来。但他们没有想到，过犹不及，处处锋芒毕露只能引起同事的反感，同时也给自己增加了很大的压力。

争强好斗的人往往过得不快乐，因为他们忘了保持一颗平常心是快乐的秘密。职场竞争变幻莫测，并不是你够聪明、够努力就一定能获得成功。当无法顺利实现自己目标的时候，就必然会导致同事之间的不良竞争甚至是恶性竞争。职场中的这种不良竞争容易使人产生一系列的消极心理，如攻击、逆反、压抑等。把在恶性竞争中引起的愤怒、怨恨等不良情绪表现出来，或怒目而视，或讽刺挖苦，或打击他人，同时自己又感到身心疲惫，于是采用各种方法来压抑自己，把愤怒、焦虑的情绪埋在心底，而表面表现出正常的情绪状态。久而久之，对身体健康极其有害。

因此，身在职场要培养一种平常心，这也是给自己减压的最好办法。

我们要用平常心看待职位和薪水。当你工作的时候，你要告诉自己我要为自己的现在和将来努力工作，不论你得到的薪水是多还是少，你都要清楚地记得那只是你从工作中获得的一小部分。不要太多考虑你的薪水，你应该用更多的时间去接受新的知识，培养自己的能力，展现自己的才华，因为这些东西才是真正的无价之宝。在你未来的资产中，它们的价值远远超过了你现在所积累的货币资产，因为它们是可以创造资产的资产。

同时你要给自己信心，不要因为眼前的收入低，就妄自菲薄。要相信自己的能力，更要坚持不懈地朝着自己的目标努力。当你带着信心和热情投入工作的时候，你会惊讶地发现原来自己的进步可以这么大，而这又可以激发你发挥更大的潜能，带你一步步地向自己的梦想靠近。

当然，如果你真的想获得成功，你也应该在工作中养成好的习惯。你要善于观察思考，要善于创新，还要善于总结他人的经验并为自己所用。总之，在工作中，你一定要尽自己最大的努力。

每个人都会碰到不顺心的事，情绪上来排山倒海，关健时刻能控制住它，不让它喷涌出来，是一件既考验我们的情商，又影响我们人际关系能否和谐的事。控制某种消极情绪是一种舍，舍弃一些破坏事情向好的方向转变的震怒、愤恨、委屈等消极情绪，让头脑冷静下来，仔细思考应对的办法。

控制自己的消极情绪，一方面有助于我们理清思路，找到解决问题的方法；一方面能够缓解我们紧张的人际关系，让我们不至于做出令自己后悔的行为。在职场上，我们最常接触的除了同事和客户外就是上司了，而与上司相处直接影响到我们的升迁之路。所以我们在处理与上司的关系时，要格外注意控制情绪。

当上司因为不了解情况，严厉地批评自己工作不理想时；当自己与资质、业绩差不多的同事竞争岗位，上司选别人不选自己时；当上司因为心情不好，迁怒自己时；当上司做错了决策，却把责任归咎给自己时……自己的内心难免会产生不满、怨气和委屈，这个时候如果自己不控制自己的情绪，就容易做出一些冲动的事情，破坏自己与上司的关系，进而影响自己的晋升之路。

蓝玲是一家大型企业的中层干部，她的工作能力是大家有目共睹的，无论是业务能力、学习能力还是表现能力都没得说，这一点上司也给予了充分的肯定。但是有一点，蓝玲为人较为情绪化，经常因为一些小事与同事闹不愉快，因而她的人缘不是很好。

不久前，公司提拔了一个无论在资历、能力还是业绩上都不如她的同事王丽雁做策划部主管。蓝玲很生气。平日里上司就对王丽雁青睐有加，什么升职、加薪、外派出国的好机会都想着王丽雁，好事都让王丽雁一个人给占尽了。眼看着不如自己的王丽雁，一年内被破格提拔了两次，而业绩明明高人一等的自己却被丢弃在一边，蓝玲实在咽不下这口气，于是她跑到上司的办公室与上司理论。

"程总，我哪里不如王丽雁，为什么提升她而不提升我？我比她在单位的工作时间长，比她业绩好，也比她勤快，为什么做主管的是她而不是我？"面对蓝玲的质问，程总瞠目结舌。沉默几秒后，程总对蓝玲说："蓝玲，你这样情绪化，我怎么放心把策划部的工作交给你负责呢？遇到什么事不能很好地控制情绪，动不动就发脾气，你怎么跟外界交流？"蓝玲听了更加生气，她顶撞道："那王丽雁就行吗？她没有情绪，是因为她一直没有碰到不公平的事！"程总实在听不下去了，说道："这是公司的决定，不能更改，你现在说什么都没有用！"蓝玲一听程总这样说，立马就摔门而去，留下气哄哄的上司干瞪眼。

此后蓝玲更受冷落，同事们轻易不敢和她说话，上司更当她是空气，只有必须接触她的时候才勉为其难地和她交谈。蓝玲憋气又窝火，她怎么也想不通，自己工作干了一大堆，上司安排的任务总能高标准完成，最后却是费力不讨好，上司实在太偏心了。不久，蓝玲就负气辞职了。

蓝玲因为不满意上司提拔不如自己的王丽雁而与上司发生争执，结果导致上司越来越冷落自己，同事不敢接近自己，最后负气辞职。如果当时她能够控制一下情绪，冷静下来想想自己的不足，那么她就不会这么冲动地去找上司理论，也就不会负气辞职了。

在职场上，我们也会像蓝玲一样，遇到一时想不通、感觉不公平的事情。这个时候我们不要着急，先分析自身的不足，再看看有没有补救的方法。如果没有，就要克制自己的怒气，调整好心态，把怒气化为力气去工作。你做出了成绩，一次不被看好，两次不被选中，经过多次之后必然会被注意到。所以我们与其生气，不如争气，用绝对的优势来证明自己的能力，获得发展。

处理好与上司的关系是一件说困难也困难、说容易也容易的事。因为个人的喜好和角度不同，所以每个人在与他人相处时，都或多或少地带有主观倾向性。上司也是人，他也有偏好，他不光喜爱业绩好的人，同样也喜欢会做人的人；上司站的立场不同，考虑的事情自然要多，他不光要看人的成绩，还要听大部分人对各个下属的反映……所以我们在紧抓工作的同时，不能忽略对自己情绪的管理，尽量避免与同事、上司发生冲突，减少别人对自己的负面印象。只有这样，我们才有机会争取到自己想要的东西。

有的上司性格比较急，工作达不到要求，他会不留情地呵斥我们；有的上司性子比较稳，我们请求他给指示时，他不能及时给我们意见；有的上司喜欢改主意，昨天叫我们那样做，今天却推翻了昨天的方案让我们重新来过；有的上司总怀疑下属懒，每隔一小时或几分钟就要问问工作进度……遇到这样的情况，我们难免会急躁、甚至会气愤，这个时候我们就要提醒自己冷静下来，不要发火，不要抱怨，就算不满意也要控制自己的情绪，因为我们的目的不是让上司屈服或认错，而是要及时解决工作中的问题。如果我们因为一时冲动而与上司发生争执，那么不仅不利于工作的顺利解决和开展，反而会让我们与上司之间彼此越来越反感，最终阻碍我们自身的发展。

那么，我们该如何对职位和薪水保持一种正确的心态呢？尽量做到以下三个方面会让自己对职位和薪水有个清醒的认识：

①懂得多学经验比职位和薪水更重要

工欲善其事，必先利其器。明智的员工应当铭记一点：至少在35岁之前，在没有达到自己的学历、能力、精力所能达到的事业顶峰之前，不要仅仅为了职位和薪水而工作，更不要仅仅为了职位和薪水而跳槽。工作绝不仅仅是为了赚钱！**如果把一个人的人生分为两个阶段的话，那么，前一阶段就是用金钱买智慧，后一阶段是用智慧换取金钱。**工欲善其事，必先利其器。我们每个人都要趁自己年轻的时候，利用一切工作机会来完善自己，提高自己。

②不要一味盯着待遇，而要重视工资背后的成长机会

成功学大师拿破仑•希尔曾说过：提供超出你所得收入的服务，很快收入就将超出你所提供的服务。一个人如果总是算计自己能拿到多少工资，而忽视工资背后的成长机会，那他就得不到决定未来发展的技能和经验。在工作中，你可以收入低，但一定要收获大。如果你在工作中每月能够创造三千元的价值，而单位支付给你的报酬只有两千元，那又有什么关系呢？这说明你有很大的潜力。而不适合自己的工作、没有发展空间的工作，即使有很高的薪水，也会慢慢地毁掉你的前程。所以，相比薪水，我们更看重的应该是工作中的收获，当你的收获大于你的收入时，那么成功也就离你不远了。

③从事自己热爱的工作，即使薪水暂时不高

假使你不喜欢这份工作，只是为了“钱”而不得不从事这份工作，那么，十年、二十年之后，有一天你可能会猛然发觉，自己的人生竟然如此贫乏，耗尽半生光阴却没有做过一件令自己快乐的事。

想要攀上成功之阶，最明智的方法就是选择一个即使薪水不高，但是自己热爱的工作。当你热爱自己所从事的工作时，你会发现，由于坚持所爱，经过一段时间，这份工作不仅让你彻底发挥了才能，还能够帮你闯出一条不凡的事业之路。

阅读思考：

1. 你如何看待属于自己的名利？
2. 你如何看待自己目前的职位？
3. 你如何看待自己目前的薪水？

3.拥有平常心，就会拿得起，放得下

人生旅途中，我们会碰到很多“宝贝”，但你不可能什么都能得到，在某些时候一定要学会拿得起，放得下。**拿得起是勇气，放得下是肚量，拿得起是可贵，放得下是超脱。鲜花、掌声能等闲视之，挫折、灾难能坦然承受。人生最大的敬佩是拿得起，生命最大的安慰是放得下。当迷雾消失、尘埃落定的那一刻，你会发现这一切原本只是自己放不下。烦事人人有，放下自然无。这是人生智慧、精华的高度浓缩。**

在这个世界上，为什么有的人活得轻松，而有的人却活得沉重？因为前者是拿得起，放得下，所以活得轻松；而后者是拿得起，却放不下，手中的东西不想丢掉，却又要拿起更多的东西，所以活得沉重。

有人说：人生最大的选择就是拿得起，放得下。只有这样，你才会活得轻松而幸福。

所以，**人生最大的包袱不是拿不起来，而是放不下去。**你什

么时候放下，什么时候就没有烦恼。

佛家以大肚能容天下之事为乐事，这便是一种极高的境界。既来之，则安之，便是一种超脱。但这种超脱，又需多年磨炼才能养成。

生活有时会逼迫你，不得不交出权力，不得不放走机遇，甚至不得不抛弃爱情。你不可能什么都得到，所以，在生活中应该学会放得下。

有个人走在路上，不慎失手把一个心爱的花瓶打碎了，他头也不回地继续往前走，心境泰然。后面有人追上来问道："先生，你不知道你的花瓶碎了吗？"

那人笑道："碎都碎了，看它何用？"

他这种拿得起，放得下的心态值得称道。

放得下就是甩掉思想包袱，卸下心理负担。只有放得下才会使自己永远充满生机和活力。只有放得下才会感觉到我们的世界依然是美好的，才会收获到幸福和快乐。

放得下说起来容易做起来难，放得下实际上是和自己的心灵作战，是在精神上战胜自己，是让坚强打败脆弱，让正面战胜负面，让乐观代替悲观，让幸福取代痛苦，这也需要坚强的意志和不懈的努力。

放得下就要学会放弃。放弃我们必须放弃的、应该放弃的，这甚至比拥有更重要。放弃就是给自己的心灵洗洗澡，清除焦灼烦乱的思绪、驱除迷茫黑暗的阴霾，荡涤一下容易浮躁的胸怀，使心灵得以清洁。

生活在这个社会上，总还会有很多类似的例证：某些时候，当一个人被另外一个人误解，解释后出现越描越黑的时候；也会有这样的情况，其实，原本一个人已经忘记了，放下了，可是，另外一个人却总是记在心里，放不下。

有一个佛家故事，很能给人启发。

百丈禅师的一个弟子向禅师问道："如何才能成佛？"

百丈禅师说："放下！放下你的一切执著于成佛的念头，放下你的总是执著于成佛的那颗心。"

对这个佛家故事诠释最好的是一个登山者。

有个登山者在攀登世界最高峰——珠穆朗玛峰时，不使用氧气，最后奇迹般成功登上了珠穆朗玛峰。当他下山后，人们纷纷问他成功登顶的秘诀，他说："这没有什么秘诀，我知道大脑是一个重要的耗氧源，科学家曾告诉我们：各种思想在大脑中相互撞击时，竟要消耗我们吸入全部氧气的40%。所以，为了减少对氧气的消耗，我只有向前走这一个念头，至于其他的任何想法我都把它们统统从脑子里抛掉，没有了任何杂念，我就等于放下了一个背在身上的巨大包袱！放下一切，轻松地向前，这就是我成功登顶的全部秘诀。"

对于世间的每一个人来说，功名、利禄、荣辱、爱恨、死亡、恐惧、成败、苦乐、祸福等，我们不能否认这些东西存在于自己心中的时候，往往也会成为自己内在渴望超越自我的一种原动力。但是，人一旦执著于此，往往又会成为自己前进路上的一个沉重包袱。那个登山者是聪明的，渴望在不带氧气的情况下成为成功登上珠峰的第一人，当初在训练中，这肯定一直是炽烈燃烧在他心中的一个最美丽的梦想。然而，在向峰顶冲刺的时候，他放下了一切荣辱和功利之心，放下了死亡时刻会威胁着自己生命的恐惧之心，心中只留下一个愿望：向前！向前！！向前！！！他成功了，他不但为所有的登山者留下了宝贵的经验，同时，也把一粒智慧的种子，播进了世间每一个渴望获得成功之人的心中。

其实，翻开历史，我们会发现许多古人充满了“放下”的艺术与智慧。

宋朝的吕蒙正被宋太宗任命为副宰相。当他第一次以副宰相的身份进入朝堂时，有一位中央官吏在朝堂帘内指着吕蒙正说：“这小子也能参与谋划政事吗？”吕蒙正装作没有听见似的走过去了。然而，跟随在吕蒙正后边的官员非常愤怒，为他鸣起不平来，要查问那个人的官位和姓名。吕蒙正急忙制止，不让查问。退朝以后，那些与吕蒙正同在朝班的同僚仍然愤愤不平，后悔当时没有彻底追究。吕蒙正则说：“一旦知道那个人的姓名，我就终生不能忘记，一生都放不下，往后还怎么处事？因此还不如不知道那个人的姓名为好。不去追问那个人的姓名，对我来说有什么损失吗？”当时在场的人都非常佩服吕蒙正的度量。

吕蒙正善识人，所举荐的人，后来无不成为国家的栋梁，而他最大的特点就是一旦用了某人，便不再用自己的权力来约束其才能的发挥。在做宰相期间，他一直以“无为而治”作为自己的施政方针。所以，有一天，他的两个儿子愤愤不平地对他说：“父亲，外面都传说你无能，你做宰相，权力怎么能被别人夺去了呢？”吕蒙正听了，哈哈大笑说：“我哪有什么能耐啊？皇上不就是看我善于识人，才提拔我当宰相的吗？我当宰相就是为国家物色有能力办事的人，我要权力干什么啊?! ”

吕蒙正之所以能成为大宋的一代名相，其根源不正是因为他有能放下一切荣辱的胸怀吗？自古至今，有些人拼命地揽权，并不是他比别人更有能耐，而是他贪图权力所能给他带来的“好处”——这正是这些人嫉贤妒能，不愿放下权力的根本之所在。如果用一句俗话来评价吕蒙正，那就是“拿得起，放得下”。可在现实生活中，究竟有多少人能真正地无愧于这个评价呢？看看我们身边的人，往往只是因为言差语错中的一两句话，从此就能记恨终生，相互钩心斗角，明里暗里都在进行着一场场灵魂的厮杀。其结果，只能是两败俱伤，只有输家而没有赢家。这种鸡肠小肚的气量，你怎能指望他会成就大事？

事实上，也只有能拿得起，放得下的人才能成就大事。

西汉末年，曹操曾率军在官渡这个地方与兵力数倍于己的袁绍隔河相峙，终以少胜多，大败袁绍。曹军从袁绍处缴获的大批文件中，就有一大箱曹操的部下与袁绍暗中来往的信件。按说这些人曹操完全可以以通敌罪惩治的，然而，曹操却说:“当时袁军兵多将广，声势浩大，而我军势力微弱，地盘不稳，怎能给人以必胜的信心呢？在敌强我弱、胜负未分的时候，连我自己都不敢确定能否保全性命，何况其他将领呢?”他连一封信都没拆看，随即就命人把信件全部烧了。

在曹操之前，汉光武帝刘秀也曾上演过这样的一幕以表现个人襟怀。

西汉末年，刘秀率义军与兵强将勇的王郎争夺天下，王郎曾以十万户侯的价格来悬赏刘秀的人头。然而，刘秀最后竟以弱胜强，灭了王郎，又经过数年征战，刘秀最后成了东汉王朝开国皇帝，即汉光武帝。

灭了王郎后，刘秀的士兵从王郎的府邸搜出大批档案，其中竟然发现了许多刘秀的部下将领与王郎交往的密信。刘秀连看都不看就下令焚烧了，并对众人说："不要让这些信件使我们内部发生隔阂，人心都是肉长的，我知道当初写信的人并不是真心想背叛我，只不过是想给自己留条后路而已。我只希望从此以后我们上下一心治理好天下！"

也许，有人会说我们只不过是一个平凡之人，哪能与人家做宰相的吕蒙正、做丞相的曹操、做皇帝的刘秀相比呢？其实不然，我们既然都是平凡之人，就更应该拥有一颗平常之心。

某市重点中学有一个教师，除了工作，就是读书、写作和自得其乐，至于名誉、地位、奖金、提干等，从来没与任何人争过。有一年，教委要各校老师申报特级教师，因为有发表的文章数或专著的限制，竟没有人敢申请，只有他把自己的作品搬来几大捆，上报之后，顺利地批了下来，成了市里屈指可数的几个特级教师之一。在平时，他放下了别人当成大事来争的东西，然而，他却得到了别人梦寐以求而得不到的东西。

由此可以看到：不管你是一个平凡之人，还是一个追求伟大的人，只要你拥有一颗平常之心，拥有一颗能够"放下"的心，你就能取得一定的成就。有一句话说得好："只问耕耘，莫论收获！"当你放下了"收获"这个包袱，说不定你会收获得更多呢！

当你手中抓住一件东西不放时，你只能拥有这件东西。如果你肯放手，你就有机会选择别的。人的心若死执自己的观念，不肯放下，那么他的智慧也只能达到某种程度而已。

现在就跨出新生活的第一步，对于自己的过去，大可不必耿耿于怀，是好是坏都已过去，且把它看做一张白纸，你心中就没有了埋怨与不满，生活的一切都会顺利、平稳。

阅读思考：

1. 哪些方面，你能拿得起却放不下？
2. 哪些方面，你既能拿得起也能放得下？
3. 问问自己，是否真能做到拿得起，放得下？
4. 你为什么能拿得起，却放不下？

4.事事平常心，事事皆平常；人人平常心，人人不平常

拥有一颗平常心，处世时，凡事就会看得开，想得透，所以事事皆平常。做人时，人人拿得起，放得下，所以人人不平常。

平常心，实不平常。以平常心观不平常事，则事事平常。平常心不是“看破红尘”，平常心更不是消极遁世。平常心是一种境界，平常心是积极人生，平常心是道。不以物喜，不以己悲；无时不乐，无时无忧。工作本极平常，敬业不衰，积极主动，全力以赴，竭尽心智……

平常心是清静心，是光明心；平常心是爱国心、敬业心、正直心；平常心是超脱名利、不溺欲海……

面对失败和挫折一笑而过，是一种乐观、自信；面对误解和仇恨一笑而过，是一种坦然、宽容；面对赞扬和激励一笑而过，是一种谦虚、清醒；面对烦恼和忧愁一笑而过，是一种平和、释然。

两个工作不如意的年轻人，一起去拜望师父：“师父，我们在办公室被欺负，太痛苦了，求你明示，我们是不是该辞掉工作？”

两个人一起问。

师父闭着眼睛，隔半天，吐出五个字："不过一碗饭"。就挥挥手，示意年轻人退下。

才回到公司，一个人就递上辞呈，回家种田；另一个人没有任何动作。

日子真快，转眼十年过去了。回家种田的以现代方法经营，加上品种改良，居然成了农业专家。另一个留在公司的，也不差。他忍着气，努力学，渐渐受到器重，成了经理。

有一天两个人相遇了。

农业专家对那个经理说："奇怪，当年师父给我们同样'不过一碗饭'这五个字，我一听就懂了。不过一碗饭嘛，日子有什么难过？何必硬留在公司？所以我辞职了，你当时为何没听师父的话呢？"

"我听了啊，"那个经理笑道："师父说'不过一碗饭'，多受气，多受累，我只要想不过为了混碗饭吃，老板说什么是什么，少赌气，少计较，就成了，师父不是这个意思吗？"

两个人又去拜望师父，师父已经很老了，仍然闭着眼睛，隔半天，答了五个字："不过一念间"，然后挥挥手……

这个故事是不是很有意思呢？事实上，很多事，真的是一念之间啊，所以在决定什么事时，要多想想。

把自己看做是平常人，以平常心去对待人与事，就能达到心静。"心静有益身体健康，能够长寿。"这已经是公认的养生法则。

人的心态很重要，它会决定你的一生的幸福，相信吗？当你的心灵受到重创，你的心态也会随之会有新的认知，人的一生会有很多的挫折，会让自己在这些挫折中伤痕累累，悲观的人会自暴自弃，乐观的人会自我调节。其实善恶就在一念之间，对错其实也是在一念之间，计较的、在意的越少，你就会感觉到自己过得越轻松。常常听说“平平淡淡才是真”，经历了很多事情，回头静下心来想想才发现，平平淡淡胜于金！

很多人都觉得幸福很难，很复杂，觉得自己一生很倒霉，不走运。**其实幸福就在我们身边，一直以来是我们自己在难为自己，我们在意的东西太多，想要的也太多，要求太高了，所以看不到身边的幸福**。事实上幸福很简单，你只需要拥有一颗平常心，你就可以得到它。每一个人都有着自己不同的命运和不同的经历，每一个人也有着各不相同的幸福。

“幸福”对于每一个人来说，都是公平的，关键看你有没有一颗平常心。只要你有一颗平常心，幸福时刻都会陪伴在你的身边，你的每一天都会充满快乐。**有一颗平常心，就能以冷静的眼光看待一切，以平静的心态对待一切，淡泊名利，泰然处之，困难面前不气馁，挫折面前不灰心，诱惑面前不动摇，虚荣面前不贪心**。那么，你生活的每一天都会充满快乐和幸福。

拥有一颗平常心，才能让人保持纯净的眼神，纯洁的心灵，纯真的感情，敢爱敢恨，不会见风使舵，阿谀奉承，活得潇洒，活得真实，活得自由。淡泊的心态，无形之中蕴藏着辛勤和美丽，绽放出璀璨的光彩。这就是人人平常心，人人不平常。

人生不可能一帆风顺，有成功，也有失败；有开心，也有失落。如果我们把生活中的这些起起落落看得太重，那么生活对于我们来说永远都不会坦然，永远都没有欢笑。人生应该有所追求，但暂时得不到并不会阻碍日常生活的幸福。因此，拥有一颗平常心，是人生必不可少的润滑剂。

让我们时不时回味这句话：凡事顺其自然，遇事处于泰然，得意之时淡然，失意之时坦然，艰辛曲折必然，历尽沧桑悟然。

阅读思考：

1. 在挫折面前，你会不会灰心？
2. 在诱惑面前，你会不会动心？
3. 在虚荣面前，你会不会贪心？

附录:领导给员工的13条职场忠告

1. 为什么撤销食堂?

炊事员问:“为什么单位要撤销自己的食堂?”

领导答:“因为你对工作不专心。既然通过市场能够很好地解决吃饭问题,单位就犯不着养一个成本高且脸色难看的人。”

①单位有食堂固然方便,但成本太高。服务者脸色太难看,是其消失的主要原因。

②单位的公共服务部门由于缺乏内部竞争,也会使其成本增高而逐渐失去存在的意义。所以,那些不与市场直接打交道的员工,也应该时时紧盯市场,当发现市场能够提供更便宜的服务时,自己就离失业不远了。

③距离市场远的人,更容易被社会淘汰,因为没有直接的压力,往往缺乏提升工作能力的动力。

2. 为什么从不批评我?

员工问："领导，你从来没有批评过我，怎么现在突然要辞退我？难道我有什么地方做得不好？"

领导答："因为你对工作不热心。我批评过你，但你没在意。而且我发现没有人敢批评你，所以，你应该离开了。"

①"响鼓不用重槌"，有的人是不值得你去批评的。

②有的缺点是不用批评的，他知道他做错了，但还是要做，或者编出一大堆说不过去的理由，或者总是想尽办法瞒过别人的视线。

③对那些没有人敢说他的人，最好是请他走开，别让他影响多数人的工作情绪。

3. 为什么有人敢吹大牛？

员工问："为什么总是有人敢在您面前吹大牛？"

领导答："有的时候，我需要他们坚定我的信心；有的时候，我需要看看谁是诚实的。我要看到诚心。"

①说大话有的时候是判断上的失误，有的时候是为了得到一个机会。

②你可以做你想做的，但你未必能得到你想要的。

③用大话来激励自己未尝不可，而以大话来欺骗别人则不可取。

4. 为什么不增加更多的薪水？

专职司机问："我刚来的时候，还不大会开车，路也不熟，单位就给我1500元一个月，现在我已经很会开车了，而且单位的业务增长了好几倍，怎么才给我2000元一个月？这是什么道理？”

领导答：“因为你没有感恩心。你是让我把当初你不会开车时的工资扣回来呢？还是让我立马去招聘一名只要1500元一个月的比你还熟练的司机？”

①有些岗位的价格，是以市场作为参照的。所以，该岗位的工资并不与单位的成长同比例。

②对于单位来说，工资是一项成本。一般来说，每个人的工资都是由市场来调节的。如果门外站着许多人，他们都愿意拿比你低的工资，你千万别提涨工资的事。

③如果知恩不图报，反把当初的受惠作为基准，那就容易进入一种自我烦恼的误区。

5. 为什么不能随便拿忠诚来当挡箭牌？

某下属机构员工问：“我反映主管不轨行为的举报信，已经被查实。为什么不奖励我，反而要开除我？你们这样做，今后还有人会对单位忠诚吗？”

总部领导答：“你的举报信是在主管因你旷工要处分你之后发出的，如果你不旷工，我们就永远得不到你的这份忠诚。你对待单位还缺乏真正的忠心。”

①单位领导不但不能奖励那些把“忠诚”作为恶意攻击他人的武器的人，而且还要设法远离这样的人。

②尽管忠诚的品格也会在某种激励下扭曲，但，这与“先抓住别人的辫子”并把它作为将来为自己的错误开脱的武器，是两码事。

③小人是由一种文化氛围创造出来的，防止小人就是要铲除产生小人的土壤。

6. 为什么别人付大价钱给我？

技术人员问："为什么我星期天出去帮人家做一个小时的事，人家付我200元报酬，而我在单位一天上8小时班，却只有200元工资？"

领导答："因为他不用为你提供办公场所和各项社会保险，而且更重要的是：其他时间他不雇用你，得由我们单位来支付你的工资和各项费用。事实上，对待工作你没有全心全意。"

①"搂草打兔子"是边际收益，但不是所有人支付了边际成本就应该获得边际收益。

②谁也不会让那些只付了边际成本的人，独享边际收益，何况是长期独享边际收益。

③只是当有人会以年为计，并折合为每小时某个价格雇用你的时候，你才能把这个价格作为自己一个小时的人力资本价格。

7. 为什么不把我调来？

技术人员问："我已经兼职为你干了这么多年，对我的能力和人品，你应该是了解的，为什么你不把我调来呢？"

领导答："因为你来了之后，我得为你增加一笔很大的办公费用，以及兼职工资之外的其他开支，最重要的是，你一旦来到我们单位，肯定会利用单位为你提供的条件，在其他单位做兼职服务。你没有凭良心做事。”

①让那些兼职的技术人员，留在原单位，因为这些人专门利用所在单位的资源为别的单位服务。

②“脚踩两只船”在多数情况下，并不能提升自己的核心竞争力。

③没有满负荷的活儿，才是聘兼职人员的根本原因。因此，兼职者万万不要认为，可以做好兼职工作，就一定能做好全职工作。

8. 为什么下属不好管理？

部门主管问：“怎么才能当好一个部门老大？”

领导答：“不要让下属恨你，也不要让下属热爱你，在这两者之间找到那种被尊重的感觉。你要有公正心，大家才服你。”

①被人热爱要付出成本，遭人嫉恨要付出代价，而争取被人尊重则相对经济一些。

②不能以自己的尊严去换“宽容”的虚名，也不要奢望失去尊严之后能够得到爱。

③清朝康熙皇帝所谓的“不怒自威，亲而难犯”，就是说，当领导就应该这样当。

9. 为什么知道更多秘密反而不好？

员工问：“知道秘密是不是一种待遇？”

领导答：“守得住秘密才是一种待遇。拥有平常心的人才能守得住秘密。”

①不知道秘密的人永远不会泄露秘密，所以可以过安全的生活。

②知道你知道了不该知道的秘密，就知道了你可能泄露秘密。

③知道了不该知道的秘密，有时也能防身，但多数情况下是要惹祸的。

10. 为什么不能轻易跟领导叫板？

领导说："我相信你不会辞职，并不是认为你的能耐没有地方可以施展，而是知道你的能耐在我这里已经得到了最高的收入。"

员工说："我相信你不会辞退我，并不是认为你找不到比我更强的人，而是因为我自信以你这样的待遇和条件，已经找到了最值的人。"

①自己吃了亏，才敢跟人叫板。

②"最怕好人"，说的是你不对他好，你就欠他的。

③如果不合作，吃亏的不是自己，而是对方，那么，对方就更愿意合作下去。

11. 为什么有些人能成为单位里最有价值的人？

员工问："我如何才能在单位里成为最有价值的人？"

领导答："把自己当作单位里最便宜的员工，你就可能成为最有价值的员工。"

①最便宜不等于最不值钱。

②做同样一种工作，如果用你最可靠，又最省钱，那么，你就有价值。

③当用你不便宜之时，就是你要被辞退之日。

④要么把收益做大，要么把成本减到最小，然后再来讨论自己的价值。

12. 为什么有些人总是不能完成任务？

员工问："如何让一个人把任务完成？"

领导答："要求他对结果承担责任。因为没有责任心的人总是不能很好地完成任务。"

①任何人所做的每一次附和，都是经过成本收益考虑的。

②挺身而出，去做上司想做的事，就表现出了责任心，也一定会有好结果。

13. 为什么人会分出等级？

员工问："你是如何在我们之间分出三六九等的？"

领导答："有文凭的看他的水平，有水平的看他的综合素质，有素质的看他的心态，有好心态的看他的信念。"

①欲穷千里目，更上一层楼。

②如果想高看一个人，自己得站得更高一层。

③以为自己跟别人都一样的时候，其实就表明自己与别人不一样了。

Intentions to work

阅读心得

Intentions to work

阅读心得

特别推荐

定价：18.80元

《卓越员工的12项修炼》是世界500强企业培养卓越员工的指导手册，已成为中国众多优秀企业培训员工的最佳学习读本。学习本书会让员工更好地融入企业、团队，主动而且出色的完成任务，从而为企业创造更多的价值。

定价：19.80元

《高效能员工工作法则》全面详细地介绍了世界500强企业员工高效能工作的黄金法则，书中例举了许多世界级企业员工高效能工作的典型案例和有效方法，能给企事业单位职工的实际工作带来巨大的启发和帮助。

定价：19.80元

《盈在节俭》全面阐述了节俭对个人和企业发展的重要作用。本书针对企事业单位长期存在的铺张浪费现象，给出了正确的纠正方法，从思想观念上改变职工对节俭的某些错误看法，并指导职工如何正确做到厉行节约，减少浪费，强化精益生产，从而全面降低企业的各项运营成本，增强企业的竞争力，提高企业的赢利水平，达到企业与员工的双赢。

定价:22.00元

《用正确的方法解决问题》书中经典的案例和深刻的分析对现实工作有很大的启发作用，本书将一步步教你怎样重视工作中的大小问题，克服对于问题的恐惧，在遇到问题时怎样运用一些思维方法、工作技巧，不仅从心理上藐视问题，以正确有效的方法克敌制胜，而且还能最终将问题和困难转变为机遇。

定价:22.00元

《员工职业化的6堂必修课》是世界500强企业培训职业化员工的指导手册，本书阐述了成为一名职业化员工必须进行的思想和行为修炼，使员工在观念、思维、心态、知识、技能、心理、形象上符合职业规范和标准，从而让员工的工作状态达到标准化、规范化、制度化，达到全面提升员工的职业素养的目的。

定价:24.00元

《把事情做到最好》本书紧紧围绕"把事情做到最好"这一主题，运用通俗易懂的语言和独特鲜活的案例，全面而又系统地总结出一套在实际工作中极具针对性、操作性、实用性的做事方法。你只要熟练掌握本书中的做事方法，深刻领悟本书中的做事理念，你就能把事情做到最好。

购书付款方式：

公司帐户	户名:成功新华国际文化传播(北京)有限公司 帐号:0141014170000285　开户行:民生银行北京京广支行
银行帐户	建行卡号:4367 4200 1381 0196 729　户名:朱雪强 工行卡号:6222 0802 0000 2479 700　户名:朱雪强

汇款后请将汇款凭证、单位名称、收件人姓名、电话号码、地址邮编传真至010-51664648，我公司收到传真后当天发货。3-7个工作日即到。